国家科学技术学术著作出版基金资助出版

"十四五"国家重点出版物出版规划项目

食品科学与技术前沿丛书

陈　坚　总主编

食品工程仿生学

马海乐　著

Food Engineering Bionics

中国轻工业出版社

图书在版编目（CIP）数据

食品工程仿生学 / 马海乐著. — 北京：中国轻工
业出版社，2023.11
（食品科学与技术前沿丛书）
"十四五"国家重点出版物出版规划项目　国家科学
技术学术著作出版基金资助出版
ISBN 978-7-5184-3760-3

Ⅰ. ①食… Ⅱ. ①马… Ⅲ. ①食品工程—工程仿生学
Ⅳ. ①TS201.1

中国版本图书馆CIP数据核字（2021）第243405号

责任编辑：伊双双　　责任终审：劳国强　　整体设计：锋尚设计
策划编辑：伊双双　　责任校对：吴大朋　　责任监印：张　可

出版发行：中国轻工业出版社（北京东长安街6号，邮编：100740）
印　　刷：三河市万龙印装有限公司
经　　销：各地新华书店
版　　次：2023年11月第1版第1次印刷
开　　本：787×1092　1/16　印张：10.75
字　　数：380千字
书　　号：ISBN 978-7-5184-3760-3　定价：108.00元
邮购电话：010-65241695
发行电话：010-85119835　传真：85113293
网　　址：http://www.chlip.com.cn
Email：club@chlip.com.cn
如发现图书残缺请与我社邮购联系调换
200150K1X101ZBW

作者简介

马海乐 江苏大学二级教授，博士生导师，俄罗斯自然科学院外籍院士。曾于2007—2017年担任江苏大学食品与生物工程学院首任院长，现任江苏大学食品物理加工研究院院长。主持国家863计划课题、国家重点研发计划项目等各类科研项目90余项，作为第一完成人获省部级及行业科学技术一等奖5项、二等奖5项，中国专利优秀奖1项；发表论文1100余篇，其中被SCI收录560余篇（h-index 64）、EI收录110余篇；已获授权发明专利118件。

马海乐教授高度重视学科交叉，在食品科学与其他基础学科的交叉创新上做了不少积极的探索。长期开展食品科学与物理学的交叉研究，系统性地将具有生物学效应的声、光、磁、力等物理因子应用于食品制造过程的调控，2023年创办了国际学术期刊 *Food Physics*；深入研究食品色彩变化的化学基础，2020年出版了国内外首部《食品色彩化学》专著；近40年来，坚持学习动物涉及对食物的加工和营养成分合成与吸收的生命过程与现象，经过深入分析与科研实践，探索了"食品工程仿生学"的构建。

序 | Preface

  仿生学早已在航空航海、机械制造、生物医学、材料科学等行业的技术创新中得到广泛应用。其实，生命体经过漫长的进化，已经形成了一套极其完善的利用食材制造生物体所需营养素的技术，许多生命活动与现有的食品工业有着异曲同工的效果。近年来，全世界范围内不少科学家开始将仿生学原理应用于食品质量的感官评价、食品原料的生物分解、营养成分的生物合成等。因此，利用仿生学原理，向生命体学习，进行食品加工的理论与技术创新，正逐渐得到国内外食品加工技术研究领域的广泛关注，代表着未来食品制造业重要的发展趋势。

  为了引导人们更为系统、更有目的地研究生命活动，模拟生命过程，创新食品制造技术，该书作者首次提出建立"食品工程仿生学"的建议。学科交叉是科技创新不竭的动力，"食品工程仿生学"就是食品工程与仿生学交叉的产物。本书作者从三个方面概括了"食品工程仿生学"的主要任务：①重新认识生命活动：突破长期以来基于健康和生产（生长）的需要进行生命科学研究的局限性，建议从生命体制造其正常生长所需营养素的角度，重新认识生命现象，重新研究生命活动，尤其是那些从未被触及但与某些食品制造单元密切相关的生命活动；②深化已启动的仿生研究工作：根据对生命活动重新研究的结果，进一步对已经启动的仿生技术进行深入研究，挖掘新的创意；③开拓新的仿生技术方法：通过比对，寻找动物、植物和微生物中与食品加工技术有对应关系的生命活动，开拓全新的仿生研究项目，推动食品制造的原始创新。未来拟开展的主要研究内容包括：模拟口腔加工、食物消化、养分吸收、感官评判、肝脏解毒等生命活动，神经元、运动机构、生物材料等生命系统构成，开展食品预加工、分解、分离、品质评价、有害物降解等关键技术的仿生设计，以及智能控制、食品机械、食品机械材料等硬件系统的仿生设计。

该书第一次系统地论述了"食品工程仿生学"的学术思想，定义了其基本特征，构建了组成框架和研究方法，梳理出主要研究内容。"食品工程仿生学"建立的初衷在于我们从自然界能够学到什么，能否找到推进食品产业更加符合高效、安全、节能、低碳发展趋势的"金钥匙"，但其更大的意义可能在于它会启发生命学家重新审视已有的关于生命活动的研究成果，引发其对未被关注但对食品制造有重要价值的生命活动的研究兴趣。

中国工程院院士

2023年10月

　　学科交叉一直是科研创新不竭的动力，食品科学自然也如此。随着食品产业的发展，效率、安全、节能等关键指标提升难度加大越来越成为限制其发展的因素，全世界的食品科学家和工程技术专家都在积极探讨新的解决途径。生命体经过漫长的进化，形成了一整套极其完善的利用食材制造生物体所需营养素的技术，许多生命活动与现有的食品加工有着异曲同工的效果，其实生命活动就是一个制造营养素的过程。因此，目前国内外的科学家和工程技术人员不断地尝试将仿生学的方法应用于食品学科。例如，模拟人体感官提高食品检测的速度，模拟生物合成开发培养肉和仿生蛋的合成技术，模拟消化吸收功能开发食物营养特性评价系统。这预示着，利用仿生学原理向生命体学习，逐渐成为未来食品学科的发展趋势之一。

　　早在1989年，作者在"国际农业工程学术研讨会"（89-ISAE）上发表论文"*On the Microtype of 'Food Engineering bionics'*"，首次提出建立"食品工程仿生学"的设想。经过30余年的思考、论证与科研实践，作者通过本书在国内外第一次较为系统地论述了"食品工程仿生学"提出的学术思想，定义了学科的基本性质，构建了学科的组成框架和研究方法，梳理出主要研究内容。

　　支撑"食品工程仿生学"建立的两个基本要点是"生命活动的食品加工观"和"食品加工的生命活动化"。无论是动物、植物还是微生物，其一切生命活动都是将食材加工制造成用于其机体建造所需营养素的过程。过去人们对生命活动的研究都是为了治疗疾病、促进机体成长的需要，现在我们需要从制造营养素的角度，重新认识生命现象和研究生命活动，这对生命科学和生物学家是一个崭新的命题，也将迎来诸多挑战。早期的以高温处理和机械加工为基础的食品加工方法，往往会因高温、高压和高速撞击导致大量组分变性、营养损失加重和能耗升高。通过无数次的失败和漫长的摸索，人们逐渐学会利用生物学方法，慢慢开始向生命体学习，解决传统食品加工遇到的难题。未来的食品加工越来越像生命活动那样，通过温和的生化过程和轻柔的搓动、蠕动来进行。"食品加工生命活动化"的观点将会引导科学家由潜意识向生命系统学习转向显意识主动地吸收生命现象中对解决食品生产技术难题有帮助的思想，将会推进技术研发人员从碎片化的仿生实践转向系统化、理性化的仿生设计。

仿生学研究的基本方法是提出模型和进行模拟，其程序大概分三步：建立生物模型，建立理论模型，建立实物模型。研究方法包括：①功能仿生，是指对生物体形态、结构、功能、色彩、表面质感、意象等内容的模拟；②耦合仿生，是指对一个功能的模拟需要通过多个途径或者手段协同执行来实现；③创新仿生，是指从生物界获得一些启迪，将其应用于食品加工的方法设计，而不是简单地照搬照抄。

食品科学可以模拟的生命活动及其系统包括品质感知、食物消化、养分吸收、生物合成、生物材料、生物机构和神经系统七个方面。基于现有文献资料和作者的科研工作，本书分七章对相关内容的国内外研究进展进行了归纳整理与分析论述，分别包括：①食品品质仿生评价，主要是对人体味觉、嗅觉、触觉、视觉的模拟学习；②食品仿生预加工，主要是对人体利用口腔加工食物的模拟学习；③食品仿生分解，主要是对人体胃肠消化功能的模拟学习；④食品仿生分离，主要是对人体胃肠吸收功能的模拟学习；⑤食品仿生合成，主要是对动物体关于肉蛋奶等动物性食品合成功能的模拟学习；⑥食品仿生成型，主要是对人体利用手进行食品造型、反刍动物利用大肠进行粪便成型功能的模拟学习；⑦食品装备与材料的仿生设计，主要是对动植物体降阻自洁材料和人体物件抓取结构的模拟。

本书可作为食品科学与工程、仿生科学与工程、生命科学、化学工程、制药工程、环境工程等专业的教师、本科生、研究生教学及科研的参考书，也可供相关学科专业领域的科研人员、技术人员和设计人员参考。

本书在写作过程中参阅了国内外相关的文献资料，在此向所有原作者一并表示感谢，作者还向关心与支持本书出版的有关部门、学者、专家和同事表示衷心的感谢。

限于作者水平，书中疏漏和不妥之处在所难免，恳请读者指正。

2023年9月

目录 | Contents

▌第三章

食品仿生预加工技术

▌第四章

食品仿生分解技术

第五章
食品仿生分离技术

第六章
食品仿生合成技术

第一章

绪论

第一节　食品工程仿生学的提出及其基本特征

一、生物的启示

远古时期，人类主要以生兽野果为食。但在恐怖的山火过后，灰烬里散发着烧熟的野兽和坚果的扑鼻焦香，这强烈地震撼了人类尚未苏醒的嗅神经，成了人类结束茹毛饮血时代的第一个信号。经过无数次惊险的尝试和失败后，原始人终于懂得如何利用自然火，控制火种，逐渐开始吃熟食。烧、烤、煮、熬，人类光辉的食品加工过程从此开始了。随着时间的推移，人类不断在进化，人们在漫长的与大自然和疾病的斗争中，不断地提高食品加工水平。熟食热食不会致病——人们学会了杀菌；干果干菜能抗腐败——人们学会了脱水；将食物存入地窖，食物不会变质——人们学会了冷藏。经过失败的教训和不断地探索，人们创造了破碎、磨粉、制浆、过滤、发酵做酒、焙烤制饼等技术。经过一代代人艰辛的摸索，形成了现代食品工业的雏形。随着营养学的问世，人们对食品品质目标的设计更加清晰；随着生物工程技术、过程控制技术的引入，食品加工在工艺优化、品质提升、成本控制、污染降低等方面取得了巨大的成就。然而，人们在辛辛苦苦埋头探索之余可曾想到，在宇宙间另有一种存在，一种复杂的最为科学严密的食品加工体系的客观存在，即人体。不难想象，人体确实是一座典型的最高级的食品加工厂。要把肉、鱼、谷物和蔬菜从原来的形式变成氨基酸、葡萄糖、果酸、脂肪酸和甘油等各种营养成分，对现存的食品加工业来说谈何容易，不借助于庞大复杂的机器系统，进行长时间的高温高压作业，消耗大量能量，产生较多的有可能严重污染环境的废弃物，是无法完成的。然而，对人体消化系统来说，此事却易如反掌，对食物进行物理和化学的改造即可实现。不仅人体的消化系统如此，牛羊猪等动物同样有着功能惊人的消化系统，甚至猪笼草等植物也能利用分泌的盐酸和酶分解猎物，具有类似于人体胃的功能[1]。因此，在生命科学已取得巨大成就的当今，要把食品加工技术推入一个更新的高度，就必须主动地模拟生命进化的这些成就。

其实自古以来，人类就在模仿生物，来增加自己劳动的本领[2]。例如，人们模仿鱼类的形体创造了船只，并以木桨仿鳍。鲁班在一次上山伐树时，手指被茅草划破，受此启发发明了第一把木锯。早在四百多年前，意大利的达·芬奇在仔细观察了鸟类的飞行并研究了鸟类的身体结构后，设计、制造了一架扑翼飞机，为人类在天空获得自由打下了基础。这些早期的模仿生物结构和功能的尝试和发明，可以被认为是人类仿生的前驱，也是仿生学的萌芽。

随着近代科学技术的发展，人们才逐渐自觉地将生物界当作设计思想和发明创造的源泉，形成了完整的仿生学理论，并将其成功地应用于航空、建筑、医学、农业等领域[3-6]。在我国，早在20世纪90年代初，吉林大学任露泉院士、陈秉聪院士在农业装备研究过程中，为了克服农机具作业过程中的土壤阻力问题引入了仿生学方法[7]，开拓了仿生脱附减阻耐磨研究新领域，在土壤黏附机制与规律、生物脱附减阻耐磨原理、地面机械仿生脱附减阻理论与技术、生物表面工程仿生等领域进行了开拓性研究，提出非光滑仿生、电渗仿生、柔性仿生、构形仿生及耦合仿生，初步构建了生物非光滑基础理论、非光滑仿生理论与技术体系，并于2004年创办《仿生工程学报》（*Journal of Bionic Engineering*），为我国仿生工程理论的建立作出了杰出贡献[8]。

二、食品工程仿生学的提出

生物界中有许多与食品加工相似的功能，值得食品科学工作者去深入地研究。例如，生物膜在物质的输送、浓缩和分离上的能力是令人惊叹的[9,10]；海带能从海水中富集碘，使其含量比海水中的碘浓度高千倍以上；石毛（藻类）能浓缩铀，浓缩率高达750倍；大肠杆菌体内外钾离子浓度差达3000倍；长在回肠和空肠内壁上的绒毛对营养物质的吸收从来不会因浓度极化现象而降低效率[11]，研究生物膜会对食品高效分离技术的研究发挥巨大的作用。牛的瘤胃能把饲草纤维转化成含乳脂和分子建造机体的挥发性脂肪酸[12]，白蚁能把吃下去的木质转化成脂肪和蛋白质[13]，其机制可能对人工合成这些物质、扩大食品资源有深刻的启示。响尾蛇两眼之间有一小块厚度只有10~15μm的薄膜，这是一个热敏探测器，对外界目标物的温差分辩能力能精确到0.001℃的程度[14]，模仿响尾蛇的热敏探测器，就可以研制出高精度的温度传感器。

基于上述思考，早在1989年，作者就发表了第一篇论文，提出建立"食品工程仿生学"（Food Engineering Bionics）的设想[15]，之后又陆续发表了11篇论文，进一步讨论了仿生学在食品加工中的应用价值[16-26]，认为人们可以通过模拟口腔加工、食物消化、养分吸收、感官评判、肝脏解毒等生命活动，神经元、运动机构、生物材料等生命系统构成，改进传统的食品加工技术，创新食品加工方法。因此，食品工程仿生学就是从食品加工的角度重新认识和理解生命活动，通过模拟其运行过程，构建食品工程研究领域一门新的学科。它不是简单地模仿，而是强调要在模拟自然的基础上实现新的提升。

三、食品工程仿生学的学科基础与基本性质

由于化学工程单元操作和装备设计理论的引入，食品加工才逐步走出漫长的作坊式发展阶段，进入工程化时代，使延续了许多世纪以家庭烹调和手工方式为主的加工方法向着大规模、连续化和自动化的生产方向发展。随着揭示生命现象中物质、能量和信息三个方面运动规律的学科——生物物理学和生物控制论等学科的发展[27,28]，以及基因组学、蛋白组学、代谢组学、转录组学、脂类组学、免疫组

学、糖组学、RNA组学等现代组学的建立[29]，人们认识生命现象、揭示生命规律的手段显著增强，极大地提高了人们对生命活动的可解释性、可描述性、可模拟性的研究水平。发酵技术、酶工程、细胞工程、分离工程等生物工程学科的发展，为食品加工和制造产业模拟生物过程提供了重要的方法保障。计算机科学、控制科学、感知技术和现代分析检测技术等提高了人们模拟生物的智能化水平。仿生学的问世[2]，及其在军事、建筑和机械等方面取得的成就更激起了人们从生命活动中学习生物技术的欲望。因此，生物化学、生物物理学、生物控制论、组学、生物工程、计算机科学、控制科学、仿生学等与食品科学的相互渗透成就了食品工程仿生学的建立，构成了食品工程仿生学发展的学科基础。

食品工程仿生学具有如下两个基本特征[18, 19]。

（1）生命活动的食品加工观 无论是动物还是植物，其一切生命活动都是进行用于其机体建造的营养成分的合成、加工和吸收过程。一方面，营养成分本身就是一种"特殊食品"；另一方面，生命活动中（尤其是动物的消化系统）营养成分的合成与处理操作，在许多方面从功能上讲与目前食品加工中某些单元操作完全一致。因此，从这个意义上讲，生命活动就是一个食品加工过程。在所有生命活动中，动物对食物的消化吸收过程最为典型，它是一个极其完整、科学、高度复杂有序的自组织食品加工过程，如切牙的切分，磨牙的研磨，唾液酶、各种肠腺及胃液对食物的催化分解与对营养成分的合成，反刍动物瘤胃对食物的发酵及绒毛对养分的吸收等，都完全是一个提供能量的食品加工过程。植物叶子的光合作用（合成有机物"食品"）、植物根系对土壤养分的吸收和海带对碘的浓缩（类似食品加工中的超滤和反渗析技术）都是如此。因此，生命科学的许多理论和一些生命现象都可用于食品加工系统的功能、操作与过程的比较分析，这正是食品工程仿生学形成的科学依据，它会提升和扩大食品工程分析的方法论，加速对食品加工技术及其有关理论的创新。

目前经典的人体生理学、植物科学、微生物学等对人体代谢、植物生长、微生物繁殖的认识都是出于医学、健康、生长等目标开展的研究，现在需要我们从制造动物、植物、微生物正常生长所需"营养食品"的角度，重新研究生命活动。

（2）食品加工的生命活动化 以单纯的冷热和机械加工为基础并渗入普通化学技术的方法来加工食品，往往会因高温、高压和高速搏击导致大量组分变性从而失活、营养损失加重和能耗升高。通过无数次的失败和漫长的摸索，人们逐步意识到用类似生命活动的生物系统部分取代高温高压处理和强烈的机械作用在食品加工中将是一种必然的趋势，即未来的食品加工就是像生物系统那样完全依靠生化过程和轻柔的搓动、蠕动来进行。但是若不建立一套完整的具有食品制造目标的有意识地向生物系统学习的科学体系，上述目标的实现必将经历一个极其漫长的历程，会大大减慢食品工业对生命进化成就的利用速度。食品工程仿生学建立的宗旨正是通过系统地研究和模拟生命现象，为食品工业发展建立完整的仿生思路，从而加速食品产业的发展进程。因此，在这个意义上，食品工程仿生学是食品工程快速、系统地"生命活动化"的新生学科分支。

众所周知，生命活动本身的综合性、智能化程度极高，是一个高度的自组织系统[11]。在食品加工中对生命现象的模拟，最理想的应是对主要模拟对象所在系统的整体模拟。因此，对生命活动中用于营养成分合成与吸收过程监测与控制等信息加工系统的模拟，自然也是实现"食品加工生命活动化"的重要内容，它是进行食品智能制造方法创新的源泉。当然，生命活动的多元性、非线性、大量性与复杂性等特点对真正地实现整体模拟增加了极大的难度。不过，伴随着现代传感技术和控制理论的发展，一些不完全的整体模拟成果同样对食品智能制造系统的设计有极其重要的参考价值。

第二节　食品工程仿生学的研究方法与研究内容

一、食品工程仿生学的研究方法

食品工程仿生学的基本研究方法是提出模型和进行模拟。研究程序大概分为三步[8]。

（1）首先建立"生物模型"　从生命活动的食品加工观出发，站在食品加工的角度，重新研究生命活动中营养成分合成、加工和吸收等每一个重要的"单元操作"。在将其和实际的食品加工相应的技术做系统地对比之后，选择出研究对象（称为"仿生元"）。将所得的研究对象的生物资料予以简化，吸收对技术要求有益的内容，取消与生产技术要求无关的因素，得到一个"生物模型"。

（2）其次建立"理论模型"　将生物模型提供的资料进行数学、化学、生物学等分析，并使其内在联系抽象化，用数学、化学、生物学等语言将生物模型"翻译"成为有一般意义的数学、化学、生物学等"理论模型"。

（3）最后建立"实物模型"　采用电子、机械、化学、生物等工程技术手段，根据"理论模型"设计出可在工程上实现的"实物模型"，从而完成某个食品加工过程的仿生设计。

食品工程仿生学的研究方法如下。

（1）功能仿生　目前关于仿生学的研究主要集中在对生物体形态、结构、功能、色彩、表面质感、意象等内容的模拟上，但是，食品加工技术创新的目标是建立一些在功能上更为科学、更为高效的加工新技术，因此，就食品工程仿生学而言，功能仿生是重点。

（2）耦合仿生　生物体一个功能的实现，一般是多个途径或者手段同步执行的结果。例如，对一个桃子成熟度的识别，是通过观其色、闻气味、触其皮之后做出的综合判断。生物体对食物加工的系统是一个极其复杂的系统，因此，食品工程仿生学中对某一功能的模拟，绝大多数是通过对多个途径或者手段的耦合仿生完成的。

（3）创新仿生　在模拟一个生物过程时，切忌简单不走样地照搬照抄，僵化地为了仿生而仿生。重要的是应当从生物界获得一些启迪，并将其应用于食品加工的方法设计，发挥工业机器系统的优势，使得最终建成的食品加工系统思路源于生物系统，而功能有可能超过生物原型。

二、食品工程仿生学的研究内容

生命过程、生物系统经历了二十多亿年的"物竞天择"，具有最佳结构、功能、控制和信息处理系统，是一个取之不尽、学之不完的宝藏（图1-1）。食品工程仿生学的目的就在于从中寻求新原理、新材料、新技术、新结构，通过分析研究，将其用于食品工业新装备、新仪器的设计，以及新技术和新型食品的开发。

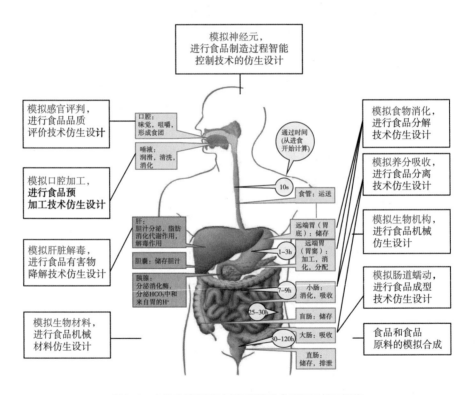

图1-1 人体功能及其对应可模拟的食品加工单元操作

食品工程仿生学拟开展的主要研究工作如下。

（1）模拟食物消化，进行食品分解技术的仿生设计 胃与肠是食物分解的重要场所，食物中的蛋白质在胃黏膜分泌胃酸和胃蛋白酶原的共同作用下，被初步分解消化；经过小肠化学性消化及小肠运动的机械性消化后，被进一步分解成为人体容易吸收的营养物。人体的食物消化过程与工业的食品酶解在方法上完全一样，但就合理性而言，人体的食物消化过程远远优于工业食品酶解，因此有可能通过模拟，发展出全新的食品分解技术。国际上模拟食物消化模型的研究主要包括：动态单室模型（模拟胃的消化）[30, 31]、动态双室模型（模拟胃和十二指肠）[32]和动态多室模型［模拟成年人的胃、小肠（TIM-1）和大肠（TIM-2）］[33, 34]。

（2）模拟养分吸收，进行食品分离技术的仿生设计　人体肠道通过转运细胞将食物中降解得到的小分子营养成分高效快速地吸收进入血液，食品工业与之对应的微滤、超滤、纳滤、电渗析、反渗透等膜分离技术却长期以来为膜污染、浓度极化等影响分离效率的难题困扰，因此有可能通过模拟找到突破口。同时，人体的胃肠消化与吸收是同时进行的，吸收会通过产物抑制效应的消除显著提高消化的效率。Wenjuan Qu等酶膜耦合技术模拟了胃肠消化与吸收同时进行的过程[35, 36]。

（3）模拟口腔加工，进行食品预加工技术的仿生设计　食物进入口腔后，经过牙齿切分、研磨，唾液酶的预分解、杀菌，为进入胃之后能够迅速被酶解做好了准备。因此，我们可以从中受到启发，进行相应的食品加工温和预处理技术的创新。Jianshe Chen等通过对食物口腔的模拟研究，指导老年食品的开发[37]。

（4）模拟感官评判，进行食品品质评价技术的仿生设计　人类通过五官进行食物品质优劣的识别，因此近些年来，用于食品品质检测的电子眼[38]、电子鼻[39]、电子舌[40]、机器咀嚼[41]等工具发展迅速，通过多技术联用，进行耦合仿生的研究也越来越多。

（5）模拟肝脏解毒，进行食品有害物降解技术的仿生设计　肝脏对来自体内和体外的许多非营养性物质如各种药物、毒物以及体内某些代谢产物具有生物转化作用。通过新陈代谢可将它们彻底分解或以原形排出体外，这种作用也被称作"解毒功能"。因此，对于肝脏解毒过程的模拟，有可能会促进食品有害物降解技术的创新设计。

（6）模拟肠道蠕动，进行食品成型技术的仿生设计　羊粪的大小与形状如此一致，牛粪的造型精致至极，而其在如此短的结肠中实现如此复杂的均衡分割、精致成型、完美包衣，是目前食品工业和制药工业遥不可及的事，应当对食品成型技术的创新有启迪作用。

（7）模拟生物机构，进行食品机械的仿生设计　许多昆虫动物，由于其结构具有独特的非光滑表面，因此呈现出非常好的自洁特性，这一原理已经大范围被应用于不粘锅底电饭锅的设计。人手可自如地抓取食物，目前已经有商业化的软体机器手出现。瘤胃可被看作是一个具有厌氧微生物繁殖的连续接种的活体发酵罐，侯哲生等根据反刍动物瘤胃结构仿生设计了蠕动式发酵罐[42]。

（8）模拟生物材料构成，进行食品机械材料的仿生设计　例如，模拟胃黏膜（液）抗盐酸及消化液其他成分腐蚀的机制，进行防腐材料的开发；模拟荷叶的表面疏水性自洁结构，进行食品装备内壁自洁涂层的设计[43]。

（9）模拟神经元，进行食品制造过程智能控制技术的仿生设计　研究神经元对营养成分的合成、加工与吸收等过程的识别、判断、控制技术，建立新的算法，设计更为精巧的控制系统，对于加速食品智能制造产业的发展有很好的价值。Yanyan Zhang等利用微型光纤探头近红外光谱仪构建了蛋白酶解过程的原位实施监测系统，可以实时获得酶解过程关键参数的动态变化，支持了酶解过程终点判断、柔性切换等智能控制系统的构建[44]。

（10）模拟细胞生长，进行食品原料的生物合成研究　饲料在食源性动物体内经过消化吸收之后，会根据需要在体内合成不同的细胞结构，从而获得肉、蛋、奶等动物源食品。近些年，由于资源短缺、环境恶化、食品安全等问题的突出，人造食品的研究越来越受到世界范围内的重视，成为了研究热点[45]。

"食品工程仿生学"的建立是生命科学以新的视角支撑工程技术发展的又一范例，对食品工业的创新与发展会产生深远的、变革性的影响，同时也会使人们对生命活动产生新的认识[46]。由于这是一个别开生面的新课题，其内涵极其丰富，笔者希望此书对于该学科的形成与发展起到抛砖引玉的作用。

在人才培养上，针对研究生可以开设"食品工程仿生学"课程或者专题讲座，培养研究生利用生命科学的研究成果和仿生学的研究思路，增强食品工程技术创新的意识和能力。在科学研究上，需要强化食品工程仿生学研究的试验平台建设，支持开展食物消化、养分吸收、口腔加工、感官评定、肝脏解毒等生命活动，以及神经元、运动机构、生物材料等生命系统构成模拟的研究工作，促进食品工程的技术创新。

参考文献

［1］Milne M A, Waller D A. Carnivorous pitcher plants eat a diet of certain spiders, regardless of what's on the menu［J］. Ecosphere, 2018, 9（11）: e02504.

［2］Lipetz L E. Bionics［J］. Science, 1961, 133: 588-593.

［3］贝时璋, 王大成. 仿生学———门崭新的重要科学［J］. 生物学通报, 1966,（3）: 32-35.

［4］张玉坤. 当代仿生建筑及其特质［J］. 城市建筑, 2005（5）: 68-71.

［5］刘良宝, 陈五一. 基于叶脉分枝结构的飞机盖板结构仿生设计［J］. 北京航空航天大学学报, 2013, 39（12）: 1596-1600.

［6］周伟民, 夏张文, 王涵, 等. 仿生增材制造［J］. 微纳电子技术, 2018, 55（6）: 438-449.

［7］任露泉, 陈德兴, 胡建国, 王连成. 仿生推土板减黏降阻机理初探［J］. 农业工程学报, 1990, 6（2）: 13-20.

［8］任露泉, 梁云虹. 耦合仿生学［M］. 北京: 科学出版社, 2012.

［9］Zasshi Y. Cardiac principles of laminaria［J］. Journal of the Pharmaceutical Society of Japan, 1983, 103（6）: 683-685.

［10］张瑞华. 液态膜———膜技术的新发展［J］. 化学通报, 1981（5）: 39-46.

［11］冉兵. 人体生理学［M］. 第二版. 北京: 北京医科大学出版社, 2000.

［12］Mckay Z C, Lynch M B, Mulligan F J, et al. Invited review: plant polyphenols and rumen microbiota responsible for fatty acid biohydrogenation, fiber digestion, and methane emission: experimental evidence and methodological approaches［J］. Journal of Dairy Science, 2019, 102（6）: 5042-5053.

［13］Shi W, Syrenne R, Sun J Z, et al. Molecular approaches to study the insect gut symbiotic microbiota at the 'omics' age［J］. Insect Science, 2010, 17: 199-219.

［14］张钵辉. 动物的红外感受器［J］. 生物学通报，1995，30（10）：10-11.

［15］Ma H L. On the microtype of "food engineering bionics", in potentiality of agricultural engineering in rural development［M］. Beijing：International Academic Publishers，1989.

［16］Ma H L. The Research on the Introduction of Bionic Technique in Food Engineering, in Agricultural Engineering and Rural Development［M］. Beijing：International Academic Publishers，1992.

［17］马海乐. 再论"仿生食品工程学"的建立，见发展中的农业工程［M］. 北京：知识出版社，1991.

［18］马海乐. 仿生食品工程学发展中的若干问题［J］. 大自然探索，1994，13（4）：74-78.

［19］马海乐. 食品工程仿生学与食品工程［J］. 食品科学，1990，（5）：1-5.

［20］马海乐. 仿生技术在食品工程中的应用研究［J］. 粮油加工，1992，17（2）：29-31.

［21］马海乐. 分形理论在食品科学与工程中的应用［J］. 中国粮油学报，1998，13（1）：8-11.

［22］马海乐. 优质食品原料生产技术的现状与展望［J］. 农业工程学报，1998，14（1）：177-182.

［23］马海乐. 初级食品的模拟合成技术［J］. 粮油加工，1992，17（4）：33-35.

［24］马海乐. 味觉与味道的仿生测定［J］. 食品工业科技，1992，（3）：59-63.

［25］马海乐，杨巧绒. 嗅觉与气味的仿生测定［J］. 食品工业科技，1993，（4）：57-61.

［26］马海乐，杨巧绒. 大食品与仿生［J］. 食品科学，1993，（5）：13-25.

［27］庞小峰. 生物物理学［M］. 成都：电子科技大学出版社，2013.

［28］涂序彦，潘华，郭荣江等. 生物控制论［M］. 北京：科学出版社，1980.

［29］宋方洲. 基因组学［M］. 北京：军事医学科学出版社，2011.

［30］Kong F，Singh R P. A Human Gastric Simulator（HGS）to Study Food Digestion in Human Stomach［J］. Journal of Food Science，2010，75（9）：E627-E635.

［31］Vardakou M，Mercuri A，Barker S A，et al. Achieving Antral Grinding Forces in Biorelevant In Vitro Models：Comparing the USP Dissolution Apparatus Ⅱ and the Dynamic Gastric Model with Human In Vivo Data［J］. AAPS Pharm Sci Tech，2011，12（2）：620-626.

［32］Mainville I，Arcand Y，Farnworth E R. A dynamic model that simulates the human upper gastrointestinal tract for the study of probiotics［J］. International Journal of Food Microbiology，2005，99：287-296.

［33］Minekus M，Marteau P，Havenaar R，et al. A multi compartmental dynamic computer-controlled model simulating the stomach and small intestine［J］. Alternatives to laboratory animals，1995，23，197-209.

［34］Minekus M，Smeets-Peeters M J E，Bernalier A，et al. A computer-controlled system to simulate conditions of the large intestine with peristaltic mixing, water absorption and absorption of fermentation products［J］. Applied microbiology biotechnology，1999，53，108-114.

［35］Qu W J，Ma H L，Li W，et al. Performance of coupled enzymatic hydrolysis and membrane separation bioreactor for antihypertensive peptides production from Porphyra yezoensis protein［J］. Process Biochemistry，2015，50（2）：245-252.

［36］Qu W J，Ma H L，Zhao W R，et al. ACE-inhibitory peptides production from defatted wheat germ protein by continuous coupling of enzymatic hydrolysis and membrane separation：Modeling and experimental studies［J］. Chemical Engineering Journal，2013，226：139-145.

［37］Chen J，Engelen L. Food Oral Processing —Fundamentals of Eating and Sensory Perception［M］. Oxford：Wilcy Blackwell，2012.

［38］王巧华，王彩云，马美湖. 基于机器视觉的鸭蛋新鲜度检测Ⅲ［J］. 中国食品学报，2017，17（8）：268-274.

［39］Misawa N，Mitsuno H，Kanzaki R，et al. Highly sensitive and selective odorant sensor using living cells expressing insect olfactory receptors［J］. Proceedings of the National Academy of Sciences，2010，107（35）：15340-15344.

［40］Wu C，Du L，Zou L，et al. A biomimetic bitter receptor-based biosensor with high efficiency immobilization and purification using self-assembled aptamers [J]. Analyst, 2013, 138（20）: 5989-5994.

[41] Christian M, Soeren S, Klaus L, et al. Wear of composite resin veneering materials and enamel in a chewing simulator [J]. Dental Materials, 2007, 23（11）: 1382-1389.

[42] 侯哲生, 佟金. 蠕动发酵罐的仿生耦合设计 [J]. 农业机械学报, 2007, 38（6）: 100-102.

[43] 郑占申, 闫培起, 杨晖. 防水和自洁在材料中的应用 [J]. 中国陶瓷, 2009,（3）: 33-35.

[44] Zhang Y Y; Luo L, Li J, et al. In-situ and real-time monitoring of enzymatic process of wheat gluten by miniature fiber NIR spectrometer [J]. Food Research International, 2017, 99: 147-154.

[45] 程胜, 任露泉. 仿生技术及其在食品工业中的应用分析 [J]. 中国食品学报, 2006, 6（1）: 438-441.

[46] 马海乐. 食品工程仿生学及其研究框架 [J]. 中国食品学报, 2020, 20（6）: 324-329.

第二章

食品品质仿生评价技术

第一节 概述

一、食品品质评价的基本方法

食品的品质是在制造、加工或者消费过程中显现出来的。质地、表观、风味是食品的三类主要品质。

食品的品质评价一般分主观评价和客观评价。所谓主观评价，又称感官评价，是通过人的感官进行的一种品评方法，其评价结果是"人"提供的，受人为因素的影响较大，难以解释，常常不能反映客观现实。为此，科技工作者们在具体方法上下了很多功夫。例如，为了获得较为准确的感官数据，在测量标度上，发明了名称标度、序列标度、记分标度与比例标度，其中在记分标度中又创造了种类标度、喜爱程度标度、脸部表情标度与直线标度等[1-3]；在测验方法上，设计了2-3测验，三角测验等[4]；为了减少影响感官评价的因素，还专门对品评人员进行生理和心理上的选择与训练，并对生理和心理因素造成的偏差做了估计[1-3]；在数字处理方法上，采用了权重求和法、方差分析法、Friedman法分析法、模糊综合评判法、灰色关联分析法等[4-6]。这些努力都是为了将人的因素降到最低程度，为实现感官评定的客观化作出了很大的贡献。然而，尽管如此，主观评价受其方法的限制，还是难以消除其结果的不确定性和难解释性。另外，从生产过程控制和新食品的开发上讲，主观评价结果很难给出成分和数量上的指导方案。表现出其固有的局限性。可是，因主观评价法实施方案简单，不需要任何测量仪器，费用低，所以目前仍被广泛地使用。客观评价是用仪器测量，这种方法获得的结果具有精确性、可重复性和可解释性。它不仅测出了食品的质量指标值，而且还可以得出一些影响质量指标的因素或化学成分，对于生产过程产品质量的控制，以及达到最佳质量指标的配方食品的设计和人工合成食品的开发都有很重要的意义。不过，若对某些食品质量指标的呈现机制还不太清楚，客观评价法将表现出不及主观评价法的一面。

客观评价法也因评价的对象和质量指标不同，有很多种类。以食品质地的客观评价为例，主要有三种方法[7]：①基础流变特性试验法；②模拟实验法；③质地断面法。所谓基础流变特性试验法，是找出一种与某种质地有联系的流变性能，通过测定这种流变性能做出质地评价；模拟实验法是通过模拟主观评价的方法对物料进行实验，并提出一种指标，作为质地评价的标准；质地断面法是对若干流变特性的综合评价，其中流变特性的获得途径既包括基础流变特性试验法，又包括模拟实验法。如果其流变特性参数的获得通过模拟人对该参数感觉的途径测定，那么将会更接近客观情况。若将质地断面法推广到食品其他品质指标的测定中去，则可将其定义为"食品品质的仿生评价法"（Bionic Evaluation Methods of Food Quality）[8, 9]。仿生评价法从感觉功能的整体性出发，强调客观评价的综合性。

　　综上所述，这些方法虽然各有特色和适应场合，但总的来说，客观评价法比主观评价法更有前途，其用途更为广泛。在客观评价法中，仿生评价法又表现出很好的应用前景。仿生评价法是模拟人的感觉功能的方法，因此，在探讨仿生评价法之前，了解人乃至一些动物的感觉功能是必不可少的。

二、人体感觉功能的特征

　　感觉是生物认识客观世界的功能，是外物的机械性、辐射能或化学能刺激生物体的受体后，在生物体中产生的映象和（或）反应。感受体一般分三类：机械能受体（听觉、触觉、压觉和平衡感）、辐射能受体（视觉、热觉和冷觉）和化学能受体（味觉、嗅觉和一般化学感）。以上三者也可以广泛地概括为物理感（视觉、听觉和触觉）和化学感（味觉、嗅觉和一般化学感）。经过几十亿年的生物进化，人体对生物信息感觉的演变已达很高阶段。几乎已充分利用到生物体内外从简单（电子、质子）到复杂（核酸、蛋白质）的化学物质的反应和振荡，及各种能量与辐射的各个波段的相互作用，达到海量生物信息传导的目的。因此，化学感和物理感早已失去了明确的界线。例如，对西瓜成熟度的感受，既是物理感，也是化学感，它是西瓜的颜色、光泽、硬度、敲击时的振幅和振频、香味对嗅觉细胞的刺激等信号对大脑综合刺激引发的感觉。一切感受都必须有能量和物质的接收，然后才能产生生物物理和生物化学的变化，再被转译成神经所能接收和传递的信号，即感受。生命活动的复杂性和整体性决定了感觉系统的这种能量和物质的接触是多方面的，而且最终的感觉是对这多方面接触整体综合的结果。因此，在认识和模拟感觉过程时，任何单方面的或局部的分析方法都不能获得满意的效果。感觉的深度一般服从Fechner规律，即感觉的深度与刺激的指数成正比[10]。另外，随着文明的进步，人类对食物的识别与其说超出对本能的依赖，而主要凭获得的后天经验进行，倒不如说是一种感觉退化。因此，在某些方面，深入地研究一些动物的感觉功能（尤其是嗅觉和味觉），对我们会有很大的启悟。

　　人们对食品质地的感受主要是通过牙齿的分块与咀嚼等压觉[1)]来进行，对风味的感受主要是通过呈味物质对舌头上的味蕾和鼻孔中的嗅觉细胞的刺激来完成，对表观的感受多数靠视觉观察。

---

1)　就牙齿而言，压觉是指牙齿受食物挤压后牙周膜本体感受器和游离神经末梢产生的感觉。

第二节　食品味道的仿生评价技术

在人和动物的各种感觉中，味觉是最普遍和最常见的一种感觉。最基本的味觉感受有酸、甜、苦、咸和鲜味5种。当然很长一段时间内，科学界认为基本味觉感受只有酸、甜、苦、咸4种，直到2002年味蕾上的鲜味受体被发现，鲜味才被认定为第5种味觉感受[11]。美国普渡大学科学家新近确认出的肥味（脂肪味），以及辣味、涩味、麻味、金属味，都应当只是基本味觉掺杂在一起的感受，或者是基本味觉和痛感、麻感等感受混杂形成的味道。

味觉除了决定于人和动物本身的味感觉器官外，还取决于食物的化学特性，不同的食物或食物的不同加工方法均具有不同的化学特性，其味道也不相同。因此，要探讨食品味道的评价途径，就必须了解味觉的物质基础和呈味物质与味觉受体的化学关系。

一、味觉

（一）味觉的物质基础——味觉受体

味觉主要由舌头上的味觉感受器——味蕾来感受。每个味蕾都是由一组味觉细胞和支持细胞组成的梨形结构（图2-1），味觉细胞的顶端有手指形分布的纤毛（图2-2）。味蕾顶端有一小孔，称味孔，与口腔相通。当溶解的食物进入味孔时，通过纤毛的受体膜传递给味觉细胞，味觉细胞受刺激而兴奋，经神经纤维束传到大脑而产生味觉。受体膜的主要成分是脂质、蛋白质和无机离子，还有少量糖和核酸。用不同呈味物质刺激牛舌并提取味蕾匀浆的研究发现，酸、咸、苦味的受体都是脂类双层膜，但苦味的受体分子有可能与蛋白质相联，而甜味的受体分子只是蛋白质[12, 13]。

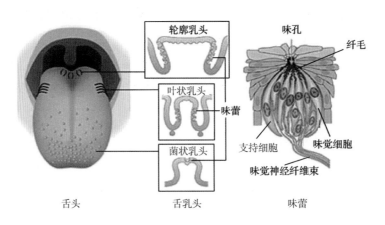

图2-1　哺乳动物味觉感受系统的基本结构

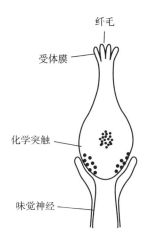

图2-2　味觉细胞的模式图

（二）呈味物质与味觉受体的化学关系

呈味物质与味觉受体的结合是味觉产生的关键一步，这种结合呈味物质无须进入细胞内，也没有可测的共价键的形成或断裂，主要的初始反应仅限于质子的中和（形成酸味）、盐键的交换（产生咸味）、双氢键的形成（产生甜味）、金属螯合物的形成（产生鲜味）、分子内氢键或疏水键的形成（形成苦味）。从这些味刺激物的化学键看，质子键、盐键、氢键、配位键和范德华键的结构能分别产生酸、咸、甜、鲜和苦的滋味，所以可称之为化学感，但是呈味物质与味觉受体之间并不发生化学反应，只有次级键的变化。味觉的产生仅仅是某种化学诱导效应的结果，是由化学信号诱导产生的神经信号而形成的一种生理感觉[14]。

（三）食品味道感知的途径

味觉细胞通常具有-40mV（细胞的内侧为负）左右的细胞电位。当呈味物质吸附在味觉细胞（图2-2）上时，味觉细胞的电位向去极化方向（细胞的电位有效值减少的方向）变化。这种电位变化随呈味物质的浓度一起增大，直到呈味物质的浓度达到饱和水平。

当味觉细胞产生电位变化时，便由味觉细胞释放传输物质，在味觉神经上产生脉冲。单一味觉神经脉冲频度（单位时间内的平均脉冲数）的大小根据味刺激的强度变化而变化，神经脉冲频度与味刺激的强度成正比。也就是说，味刺激的强度模拟性地变换为味觉细胞电位，然后数字性地转换成味觉神经脉冲（图2-3）。

通常味觉细胞响应由味觉神经纤维束进行记录。在一条味觉神经纤维束中含有几百条单一神经纤维。因此，不可能用肉眼数出整个神经束中产生的脉冲数。在这种情况下，积分响应图形的高度反映味刺激的强度[15]。

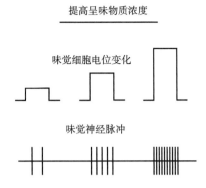

图2-3 提高呈味物质浓度时味觉细胞电位的大小与神经脉冲频度的关系

综上，虽然呈味物质的化学结构与味觉的关系，以及呈味物质与味觉受体结合的机制极其复杂，至今仍有许多变化难以理解，并且味觉细胞的响应机制至今尚有很多不够明确，但是我们已经知道在味觉细胞纤毛的受体膜上发生分子识别时会导致神经脉冲的发生，并且知道伴随受体膜的分子识别，其界面电位要发生变化，这就为复杂的味觉模拟测量简单化提供了可能。有人试图使生物物质的分子识别发生在膜表面，所引起的变化可直接通过膜电位变化来测定。也有人正在研究利用非生物系统的物质来实现同样的变化。因此，就目前而言，对味觉系统中这种化学诱导效应转变成电信号（或电脉冲）的模拟，应当是实现食品味道测定系统设计十分有效的途径。

二、模拟味觉的仿生设计

（一）电子舌

1990年，Toko等研制出了第一个基于非特定传感器方法的液体分析传感器系统——电子舌[16]。通常，电子舌系统包括对味觉信息的获取、处理与分析识别三个主要环节（图2-4），是由具有非专一性、弱选择性、对溶液中不同组分（有机和无机，离子和非离子）具有高度交叉识别敏感性[1)]的传感器单元组成的传感器阵列，结合适当模式识别算法和多变量分析方法对阵列数据进行处理后获得溶液样本定性定量信息的一种分析仪器。

上述系统由交叉敏感的化学传感器阵列和适当的模式识别算法组成，可用于检测、分析和鉴别简单或复杂的化学成分。然而受到传感技术发展的限制，目前应用于电子舌系统的化学传感器成本较高，其灵敏性、选择性和响应速度都不能和生物化学感受系统相比。

---

1) 一种传感器理论上应该只对一种或者某一类物质有响应，但事实上传感器都做不到这么好的选择性响应，往往会对目标物质以外的物质也有响应，这种相互之间的干扰响应就称为交叉识别敏感性。

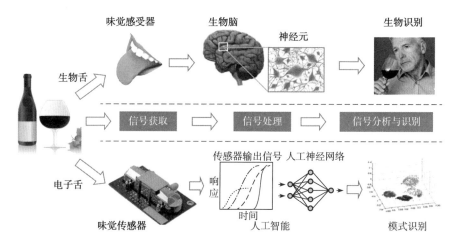

图2-4 生物舌和电子舌对味觉信息的获取、处理与分析识别系统

为了克服传统电子舌的瓶颈，Göpel等于1998年提出了味觉仿生传感器的概念[17]。与基于化学传感器的传统电子舌不同，味觉仿生传感器从模拟生物味觉系统的角度出发，以生物活性材料作为敏感元件，结合二级传感器实现对呈味物质的特异性灵敏检测，以期获得类似生物味觉系统的检测性能。由于引入了生物的原代组织、受体神经元、天然或异源表达的受体蛋白作为敏感元件，味觉仿生传感器部分继承了化学传感器的优点，如灵敏度高、检测限低、选择性好等，在环境监测、食品安全、疾病检测等多个领域具有广阔的应用前景，电子舌的集成化应用更是具有重要的研究意义和实际应用价值。

（二）基于生物敏感元件的味觉仿生传感技术

从较为狭义的模拟味觉传感的角度来讲，生物敏感元件包括味觉受体、味觉细胞和味觉组织。按照生物敏感元件的不同，味觉的仿生设计有不同的方案[18]。

1. 基于味觉受体的味觉仿生传感技术

生物识别味觉物质的基础是位于味觉细胞纤毛上的受体，因此，研究者们提出了基于味觉受体的仿生传感器，其中受体的活性极大地影响着传感器的性能。

味觉受体中的苦味、甜味、鲜味受体是G蛋白偶联受体，研发基于此类受体的味觉仿生传感器具有难度。Song等将人类味觉受体$hT_1R_2+hT_1R_3$异质二聚体表达在HEK-293细胞的细胞膜上，将细胞震碎成为带有味觉受体的纳米囊泡，并固定在场效应管传感器（field effect transistor，FET）表面，为甜味物质检测提供了新的传感技术[19]。但是酸味和咸味受体为离子通道型受体，目前还没有基于此类受体构造的仿生味觉传感器。

如前文所述，基本味觉有甜、酸、咸、苦、鲜五种。其中，酸、咸、苦味是以脂类双层膜为受体。所以，有人从生物体中抽取受体蛋白质，将其嵌入脂类双层膜中，制作成由受体蛋白质和脂质组成的仿生受体脂质膜。如果将其装接在电极敏感面或晶体管的控制板上，则可能构成模仿生物体的味传感器（图2-5）[15]。基于这种想法，研究人员从鲇鱼须中分离精制出L-丙氨酸受体，并将其置入同样从鲇鱼须中抽取的脂类双层膜中，然后将该膜固定在多孔膜中，以脂类双层膜的电位变化作为指标测量L-丙氨酸。但因受体不稳定且容易失去活力，很难制作出性能优良的仿生膜，所以尚未达到以良好的再现性测量L-丙氨酸的地步。但是，通过采用稳定性好的受体和脂类双层膜，预计利用这个原理能制作出对呈味物质敏感的传感器。

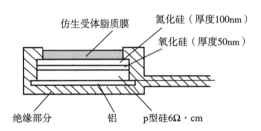

图2-5 采用受体蛋白质的半导体生物传感器

采用石英晶体微平衡器（quartz crystal microbalance，QCM）制备的味觉仿生传感器结构如图2-6（1）所示[20]。苦味受体超家族（T_2Rs）由T_2R基因家族编码并选择性表达在舌及软腭上皮组织α-味导素阳性的味觉受体细胞亚群。单个苦味基因可以编码不同的苦味受体，一个味觉细胞上可以表达很多苦味受体基因，甚至全部。hT_2R_4被鉴定为苦味受体基因。模拟人体苦味受体的形成，将人类的苦味受体基因hT_2R_4表达在HEK-293细胞膜上，在受体C端标记His_6标签，并使用试剂盒分解细胞提取出含有hT_2R_4的细胞膜碎片。同时，QCM表面固定有巯基修饰的His_6标签的适配体，可以特异性地捕获带有His_6标签的hT_2R_4，将细胞膜碎片准确地固定在金电极表面［图2-6（2）］。由于磷脂双分子层的存在，受体的跨膜结构得以维持，该方法可能有助于解决味觉受体的固定效率和分布密度等问题。用不同苦味物质对基于QCM的味觉仿生传感器进行了测试，该传感器在一定浓度范围内能有效检测出苦味物质地那铵，对特异性苦味物质也具有较高的特异性和灵敏度。

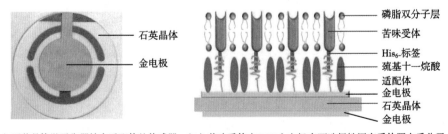

（1）石英晶体微平衡器结合适配体的传感器　（2）苦味受体在QCM金电极表面选择性固定受体蛋白质分子

图2-6 基于QCM的味觉仿生传感器[22]

日本九州大学工学部的研究小组[15]利用磷酸盐聚酯纤维（DOPH）合成脂质膜，根据溶液中离子种类的不同及其浓度的差异所发生交流电频率的变化，制定了咸味、酸味和苦味等味觉的检测标准。据说这是和生物体识别味觉极相似的方法。当溶液中离子与传感器接触，随离子种类及其浓度的变化，交流电的频率发生变化，根据该原理，更复杂的味觉也有被识别的可能。

1980年4月，日本水产省与东京工业大学共同开发出能与人的舌头同样感知甜味的传感器[15]：在很薄的脂质膜中，埋入能与丙氨酸结合的酶，待溶液中的丙氨酸与酶结合，当膜的结构发生变化时，据说能够以电子信号感知。但在当时传感器的寿命只有一天多，耐久性需要继续提高。

2. 基于味觉细胞的味觉仿生传感技术

利用细胞的生物传感器将活细胞作为敏感元件，可以用来检测生物活性物质的功能信息。因此，在味觉仿生传感器的开发中，也有人使用原代味觉细胞作为敏感元件。浙江大学王平等将体外原代培养的味觉细胞涂覆在聚左旋鸟氨酸和层黏连蛋白（poly-L-ornithine and laminin，PLOL）组成的涂层上，与光寻址电位型传感器（light addressable potentiometric sensor，LAPS）结合，构建了图2-7所示的味觉细胞芯片系统[18, 21]。味觉细胞细胞膜表面的特异性受体与滋味分子结合后最终会影响LAPS偏置电流的大小，利用该现象可以检测出不同的滋味分子，依此提出了一种无损研究味蕾内细胞间信号传导机制的方法[22]。

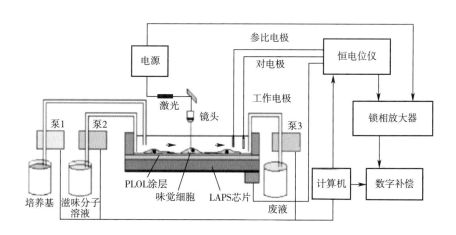

图2-7 味觉细胞芯片系统

图2-8所示为味觉细胞对培养基（对照组）（1）和由0.3mol/L NaCl、0.01mol/L HCl、0.03mol/L $MgSO_4$、0.5mol/L蔗糖、0.1mol/L葡萄糖组成的味觉混合液（3）刺激后的信号响应，（2）和（4）分别是对（1）和（3）进行的快速傅里叶变换（fast Fourier Transform，FFT）。与对照组相比，脉冲波形和振幅的变化在7~10Hz且伴随着一个特定的频率分量，如图2-8

（4）所示，而在对照组中没有出现。在很大程度上，这个频率分量表现出传递味觉信息的敏感特性，如味觉强度、味觉形态等。

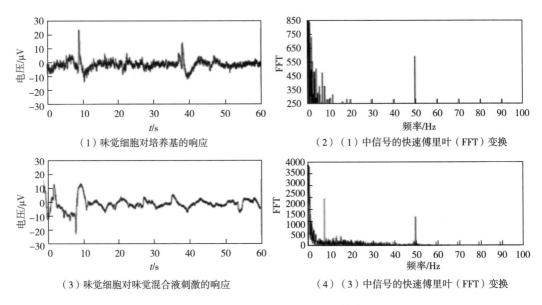

（1）味觉细胞对培养基的响应   （2）（1）中信号的快速傅里叶（FFT）变换

（3）味觉细胞对味觉混合液刺激的响应 （4）（3）中信号的快速傅里叶（FFT）变换

图2-8　味觉细胞的胞外电位记录[20]

3. 基于味觉组织的味觉仿生传感技术

味觉是通过上皮中的味觉细胞实现对目标分子的捕获，以及从化学信号到电信号的转化。味觉细胞被包裹于味蕾中，其顶部纤毛与呈味物质结合后会引起神经递质的释放，通过突触引起传入神经的兴奋[23]。最终的电信号中携带有化学信息，借助传感器芯片可以实现对化学信息高时空分辨率的检测，并记录为电信号。

浙江大学王平教授团队在国际上率先提出了以味觉上皮（也可称为"舌上皮"）为敏感元件、以微电极阵列（microelectrode array，MEA）作为换能器的味觉仿生传感技术[24]，用于苦味、咸味和鲜味等味觉的检测，发展了新型的仿生味觉组织传感技术，系统如图2-9所示[25]。

（三）味觉仿生传感的二级传感器

根据与敏感元件耦合的二级传感器的不同，可以将味觉仿生传感技术分为以下几类。

1. 基于光学检测的味觉仿生传感技术

光学检测是目前在细胞研究领域得到快速发展和普及的技术之一，被广泛应用于检测细胞对小分子刺激的响应，基于光学检测的仿生味觉传感器的整体结构如图2-10所示。化学物质可通过荧光成像等方法进行检测。

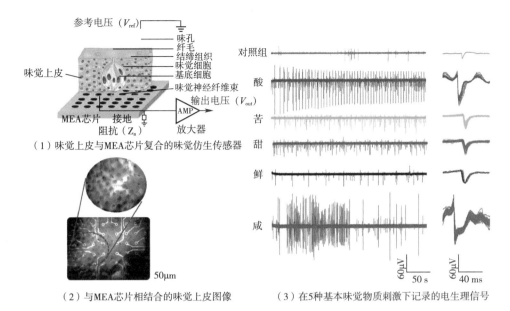

（1）味觉上皮与MEA芯片复合的味觉仿生传感器

（2）与MEA芯片相结合的味觉上皮图像

（3）在5种基本味觉物质刺激下记录的电生理信号

图2-9 利用味觉上皮与微电极阵列（MEA）芯片检测基本味觉物质[25]

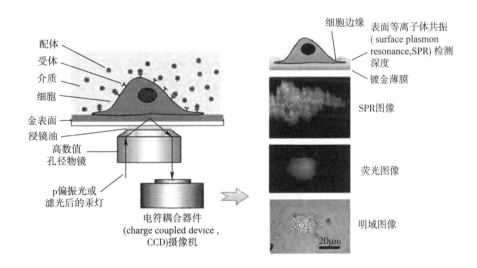

（1）基于光学检测的仿生传感器原理图

（2）几种常用光学检测方法得到的味觉细胞受呈味小分子物质刺激后响应的图像

图2-10 基于光学检测的味觉仿生传感器

2. 基于电化学检测的味觉仿生传感技术

常见的味觉仿生传感器的电化学检测手段包括微电极和光寻址电位传感器。原代的生物味觉细胞和组织往往具有电兴奋性，微电极可以记录兴奋细胞的胞外动作电位，微电极阵列芯片亦可被应用到味觉仿生传感器中。光寻址电位传感器是一种表面电压检测器，可以有效监测呈味物质刺激引起的细胞膜电位的变化。

图2-9所示即为基于电化学检测的味觉仿生传感器大鼠的舌部上皮嵌有味蕾，是绝佳的敏感材料。通过记录和分析上皮受到5种味道刺激前后记录到信号的时域和频域的特征，可以将5种味觉信号有效地区分开，证实了味觉传感器用于区分不同的味觉物质的可能性[26]。另外，使用该味觉仿生传感器对于鲜味的进一步研究表明，不同的氨基酸及其钠盐刺激舌上皮组织之后，芯片记录到的局部场电位信号有显著差异，说明其对不同的鲜味物质有着较强的分辨能力[27]。

3. 基于声波检测的味觉仿生传感技术

常用于味觉仿生传感器的声波检测传感器主要包括石英晶体微天平和声表面波器件。石英晶体微天平是一种基于石英晶体压电效应的质量敏感型传感器。声表面波器件与石英晶体微天平相比，具有更高的灵敏度、更高的精度及抗干扰能力强、结构工艺性好、便于大批量生产等优点。

（四）基于在体生物的味觉仿生传感技术

离体细胞分子味觉传感器利用生物组织培养和机械微加工技术，将味觉敏感的神经元、组织或蛋白质培养于传感器芯片表面，以实现化学物质的快速、灵敏、特异检测。然而，体外培养不能保证生物材料长时存活，因此会影响传感器的使用寿命，无法实现长时、重复检测；此外，体外培养也会破坏味觉系统的完整性，改变神经元正常的响应模式。因此，如何利用生物体的味觉来检测气体的性质，并提高其使用寿命成为科学家们新的探索和研究方向。随着在体神经信号记录技术的发展，使长时的在体记录成为可能[20, 23]。

在哺乳动物的味觉系统中，呈味物质与舌头表面的味蕾结合后，信号会通过味觉神经纤维，经过脑干、杏仁核和丘脑传导至味觉皮层。浙江大学王平教授团队通过提取哺乳动物味觉皮层神经元对甜味、咸味、酸味、苦味4种不同味觉物质的响应，结合味觉皮层的局部场电位（local field potential，LFP）和单个神经元动作电位（spike）信号特征，有效地对蔗糖、氯化钠（盐）、盐酸、苯甲地那铵进行区分，并且对甜味、苦味物质的响应显示出了浓度依赖性，苯甲地那铵的最低检测浓度达到7.6×10^{-8}mol/L[28]（图2-11）。进一步，利用支持向量机识别方法，有效地区分出了苯甲地那铵、奎宁和水杨苷3种苦味物质，识别准确率达94.05%[29]。

三、多通道、多功能电子舌

多通道味觉传感器是用类脂膜构成多通道电极制成的，多通道电极通过多通道放大器与多通道扫描器连接，从传感器得到的电子信号可通过数字电压表转化为数字信号，然后送入计算机进行处理。研究者设计出基于凝胶高聚物的单壁纳米碳管复合体薄膜化学传感器，采

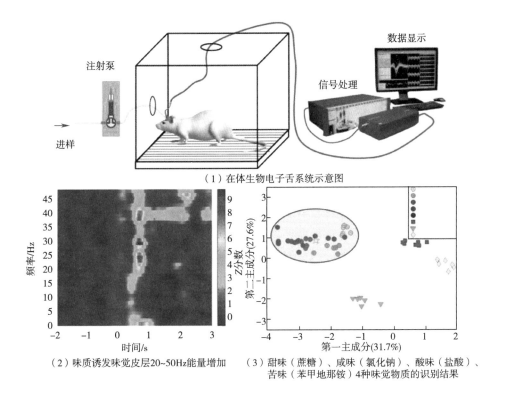

（1）在体生物电子舌系统示意图

（2）味质诱发味觉皮层20~50Hz能量增加

（3）甜味（蔗糖）、咸味（氯化钠）、酸味（盐酸）、
苦味（苯甲地那铵）4种味觉物质的识别结果

图2-11 在体生物电子舌[28]

用阻抗法测量传感器在不同液体中的频率响应，最后对响应数据用主成分分析法进行模式识别，可较好地区别酸、甜、苦、咸等味道。

实现电子舌的多功能化目前常用的有两种方法。一种方法是通过已有的单功能传感器的集成化来实现，即集成型多功能生物传感器。例如，将几个单功能传感器插入同一个流体槽中，就可以同时检测出多种化学物质。或者采用将数个只能识别一种化学物质的元件集成的方法。例如，使用选择识别化学物质的元件同时测量多种化学物质时，将各种分子识别元件固定在不同的膜上，将这些膜积层起来。如果各种化学物质的分子质量和性质不同，则其在膜中扩散的速度不同，到达分子识别元件上的时间也不同，因此，在积层膜上产生的电极活化物质到达电极上的时间不同。利用这种原理能将多种混合的化学物质分开，用电极分别进行测量。但是，这样的多功能元件还有待开发。

另一种方法是采用复合酶系，即分离型多功能生物传感器。若将多种化学物质的混合物作为试样液体使用的话，则无法识别每种化学物质。然而若将这些化学物质按纵列色层分离法原理加以分离，依次将其送到传感器上，那么就能对各种化学物质进行识别并将其检测出来。例如，用离子交换树脂柱分离核酶类化合物，将这些分离开的化合物送到装有核苷酸酶、核苷磷酸化酶、黄嘌呤氧化酶等组成的复合酶固定化膜的生物传感器上，就能分别将次黄苷单磷酸、次黄苷、次黄嘌呤测定出来。这样将分离反应器和复合酶固定化膜适当组合，就能将多种化合物分别进行分离识别和定量测定。

将酶作为分子识别元件时，有的酶反应不产生电极活化物质。在这种情况下需要将几种酶反应组合起来，使其产生电极活化物质反应。即将复合酶固定在膜上，用这种膜中的某种酶来识别分子，在识别过程中会导致连续反应，最后用电极测量所产生的电极活化物质。例如，为测量蔗糖要用蔗糖酶、变旋酶、葡糖氧化酶三种酶的固定化膜。当这种膜触及蔗糖时，就可连续引起三种酶的反应，葡糖氧化酶反应时消耗氧并生成过氧化氢，可用电极检测出这个反应的耗氧量或生成的过氧化氢量。但是，当蔗糖和葡萄糖两种化合物共存时这类膜不能将这两种物质分别识别出来。因此，能将多种成分分别识别的元件是开发多功能生物传感器的关键。

以上内容用作多功能生物传感器的分子识别元件。这些多功能生物传感器的开发和研究还仅仅是开始，下面以鲜味物质的测定为例予以介绍。

（一）集成型多功能鲜味生物传感器

已知的鲜味物质有肌苷酸、鸟苷酸和谷氨酸等，它们之间存在相乘效应[15]。因此，要制作检测这些物质的多功能传感器，就必须分别做出谷氨酸传感器、肌苷酸传感器和鸟苷酸传感器，并将它们插入同一个流体槽内构成鲜味成分检测用多功能传感器（图2-12）。谷氨酸可由谷氨酸氧化酶固定化膜和氧电极组合而成的传感器来进行检测。另外，肌苷酸（五磷酸肌苷）是由已将核苷酶、核苷酸磷化酶、黄嘌呤氧化酶三种酶固定化的膜和氧电极组合而成的传感器进行检测的。鸟苷酸（五磷酸鸟苷）则是由已将核苷酸酶、核苷酸磷化酶、鸟粪素酶、黄嘌呤氧化酶四种酶固定化的膜和氧电极组合而成的传感器进行检测。关于谷氨酸和肌苷酸的相乘效应，有人已在红砂糖的试验中做了详细探讨，鲜味强度可作为这些物质浓度的函数被计算得出。但是，这个公式中未考虑鸟苷酸的鲜味。考虑到鸟苷酸的鲜味比肌苷酸强，对鲜味强度公式加以改变，定义：

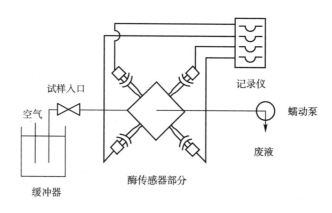

图2-12 集成型多功能鲜味生物传感器

$$TI=U+1200U（V+3.3V'）\hspace{3cm}（2-1）$$

式中，TI——鲜度；

　　U——谷氨酸的浓度（g/dL）；

　　V——肌苷酸的浓度（g/dL）；

　　V'——鸟苷酸的浓度（g/dL）。

在汇总了一些测试结果后人们发现，大部分食品的鲜味强度在0.1～0.5。不同食品，有的只含谷氨酸，有的则是肌苷酸含量多一些，但得出的结果是鲜味强度并无太大差异。但是，与鲜味有关的化学物质极为丰富，因此，只测定三种化学成分是很不全面的。

（二）分离型多功能鲜味生物传感器

测量新鲜鱼类和贝类的鲜味强度，这在食品加工中是非常重要的[30]。人们已提出各种测量鲜味强度的方法。例如，将鱼肉中与核酸有关的化合物的量作为鲜味强度指标应用。也就是说，人们已经知道，鱼死了以后，高能化合物三磷酸腺苷（ATP）被迅速水解成二磷酸腺苷（ADP）、五磷酸腺苷（AMP）、五磷酸肌苷（IMP）、肌苷（H_xR）和次黄嘌呤（H_x），最终变成尿酸（图2-13）。所以从这些ATP分解产物的含量就可以推断出鱼类和贝类的鲜度。传统方法是利用分光光度计测得上述六种化合物的吸光度值，再分别求出其含量，将H_xR和H_x含量之和除以化合物总量得到的相对值K作为鱼类和贝类鲜度的指标使用。但存在的问题是获得K值的程序很繁杂，需要3～6h。

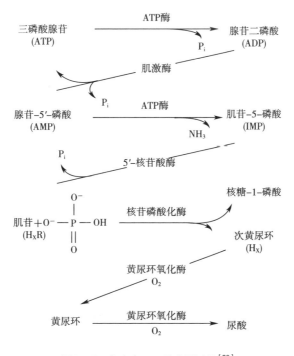

图2-13　鱼肉中ATP的分解过程[30]

为此，又仔细调查了鱼肉中ATP相关化合物的变化情况，结果发现，对于绝大多数鱼类而言，一旦过了死后的僵直期（5~20h），在鱼肉中就几乎不存在ATP、ADP和AMP了。因此，可以认为没有必要将ATP、ADP、AMP作为衡量鲜度的指标，于是铃木周一提出了新的鲜度指标公式：

$$K = \frac{[H_XR]+[H_X]}{[IMP]+[H_XR]+[H_X]} \times 100\% \tag{2-2}$$

式中，［IMP］、［H_XR］和［H_X］分别为五磷酸肌苷、肌苷和次黄嘌呤含量，单位为μg。

由此，研制了能测量IMP、H_XR和H_X浓度的多功能酶传感器，即制作出由阴离子交换树脂柱和IMP传感器组合而成的多功能酶传感器（图2-14）。这种酶传感器是由黄嘌呤氧化酶和核苷磷酸化酶固定化膜（在含有三醋酸纤维的膜上共价结合固定）与核苷酸酶固定化膜的杂化膜装在光拉克氧电极上构成的。它与阴离子交换树脂（Dowex1×2）小型柱（内径0.5cm×2cm）、记录仪和计算机结合起来构成了传感器系统。

Hayashi等于1990年建立了一种传感系统，能够测定肉汤的色、香、味，用于清炖肉汤生产过程的质量控制[31]，其测定指标如下。

（1）色度值（CE） 用15种经验色板来确定。

（2）香味值（G） 通过半导体气体传感器连续流动系统测定。

（3）滋味中起主要作用的成分IMP、L-谷氨酸、L-乳酸和糖度（如β-D-葡萄糖）：用一系列氧化酶柱和极谱型氧电极组成多功能传感器系统测定。

（4）糖度 用折射率计测定出糖度。

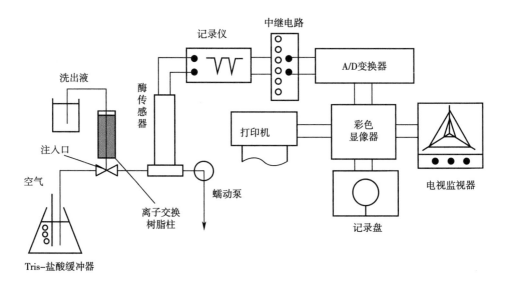

图2-14 鲜度传感器装置

四、味觉模拟的障碍

由于味觉是呈味物质对味觉受体刺激的结果，而呈味物质与味觉受体的结合关系又十分复杂，因此，除了上述传感器中生物材料的稳定性和耐久性是模拟的一大障碍外，这种复杂的结合关系同样使味觉模拟十分棘手[32, 33]。

1. 变味现象

有一些变味现象，使得我们单纯考虑呈味物质的化学成分是无法解释的。例如，氨基酸

$$\overset{\displaystyle NH_2}{\underset{\displaystyle}{R-\overset{|}{C}-HCO_2H}}$$ 本身就有酸、咸、甘、甜、鲜各种滋味。即使在中性溶液中也有

$$\overset{\displaystyle \overset{+}{N}H_3}{R-\overset{|}{C}-HCO_2^-}、\quad \overset{\displaystyle \overset{+}{N}H_3}{R-\overset{|}{C}-HCO_2H}、\quad \overset{\displaystyle NH_2}{R-\overset{|}{C}-HCO_2^-}\quad 等不同形式存在，随着 \overset{\displaystyle NH_2}{R-\overset{|}{C}-HCO_2H}$$

在水中浓度的改变，这些不同形式的成分及其在各受体上的吸附分布有改变，即呈现不同的味道。同样，还原糖在水中也是五环、六环、α^-、β^-、开链等不同形式的平衡混合物，随温度、浓度、pH的不同，其平衡将有变化，故味道也不同。

2. 味的相乘现象（协合作用）

味的相乘现象或协合作用是指将同一种味觉的两种或两种以上呈味物质混合在一起时，有时会出现该种味觉的味感猛增的现象。例如，将95g鲜味剂谷氨酸钠与5g肌苷酸钠或鸟苷酸钠相混合，结果所呈现的鲜味强度相当于600g谷氨酸钠所呈现的鲜味强度。又如，甘草酸铵本身甜度为蔗糖的50倍，但与蔗糖共用时增至100倍。这些都并非是简单的相加，而是具有相乘的增倍作用。

3. 味的相消现象

当两种不同味觉的呈味物质以适当浓度混合时，有时可使其中每一种呈味物质的味觉强度比它单独存在时所呈现出来的味觉强度有所减弱，这就是味的相消现象。例如，在食盐、砂糖、奎宁、盐酸这四种物质之间，将其中任意两种互相混合到适当浓度时，呈现出来的每一种味道的味觉强度比它们任何一种单独存在时所呈现的味觉强度都要低。

4. 味的对比现象

当两种或两种以上不同的呈味物质以适当浓度混合在一起（常常是一种多量，另一种为少量）时，可导致其中的一种（多量的那一种）呈味物质的味感更加突出，这种现象称为味的对比现象。例如，在150g/L的蔗糖溶液中加入0.17g/L的食盐，结果这种混合溶液所呈现的甜度比原来蔗糖溶液的甜度更甜。

除以上四个方面外，味觉还受人的年龄、食物的温度等因素影响。这些影响均为以呈味物质的化学成分来识别味觉带来一定的困难。

第三节　食品气味的仿生评价技术

一、嗅觉

（一）嗅觉的物质基础——嗅觉受体

嗅觉能提高我们对食物的兴趣，增强好的情绪，增进对芳香环境的欣赏。同样，以嗅觉为依据，我们可以对食品风味提出改进措施。然而，对嗅觉的原理至今尚未完全研究清楚，还在进一步探讨之中。

嗅觉细胞即嗅觉感受器，是特化的双极神经元，分布在嗅黏膜（又称嗅上皮）上（图2-15）。嗅黏膜由嗅觉细胞、支持细胞和基底细胞构成，其上覆有厚度不等的流动黏液。嗅觉细胞末端膨大，从其上伸出6~12根嗅纤毛（图2-16）。嗅纤毛相当于神经元的周围突，由细胞末端伸向嗅黏膜表面［图2-17（1）］。嗅觉细胞的另一端为细长的轴突，它穿过头骨的筛板，进入大脑前方的嗅觉中枢。对嗅觉细胞兴奋的机制研究表明，嗅纤毛上有与气味分子相结合的受体，二者以底物-受体复合的形式起作用，增加了受体部位膜的通透性，产生感受器电位，继而引起嗅神经产生神经冲动［图2-17（2）］，而且这种冲动的强度随气味物质浓度的增加而加大，产生的电位也会加大[34, 35]。

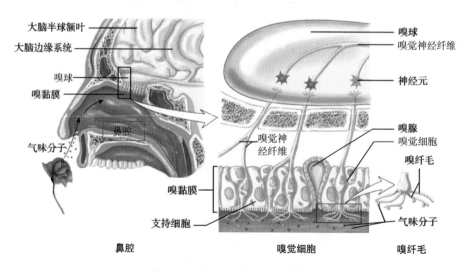

图2-15　鼻腔、嗅觉细胞、嗅纤毛

关于嗅觉有30多种假说。其中，嗅觉的"振动说"假定物质的气味来自分子内的振动，气味物质分子、原子的振动会发射出一定频率的电磁波。据认为，波数为每厘米500以下的振动对嗅觉最重要。不管气味物质分子的尺寸、形状如何，只要低频振动相似，就能产生差

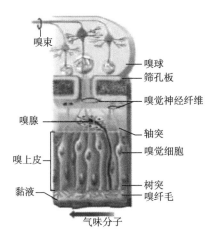

图2-16 嗅觉细胞结构

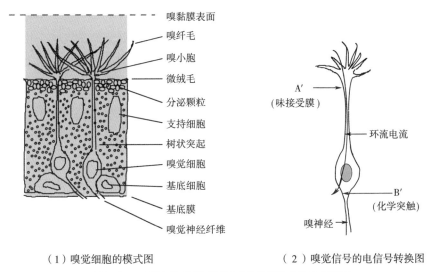

（1）嗅觉细胞的模式图　　　　　（2）嗅觉信号的电信号转换图

图2-17 嗅觉细胞的模式图及嗅觉信号的电信号转换图

不多的气味。例如，硝基苯、α-硝基硫苯和苯甲醛有相似的振动波数，它们都有杏仁味。这个学派认为，共有95种原始气味，其他气味都是由它们通过一定组合产生的。气味分子与嗅觉细胞接触时，细胞内的嗅色素吸收气味分子发射的低频振动，发生一系列的能量转换，产生的神经脉冲便被传给中枢神经系统，结果就产生了嗅觉。

嗅觉的"化学说"假定嗅觉与某些化学过程有关，而这些化学过程是由气味物质的结构及其他性质确定的。

嗅觉的"立体化学说"假定鼻子可识别五种不同的原始气味，又根据气味分子电荷的不同，可区分两种不同的气味。区分这些气味差异的嗅器官具有一定形状的凹陷，一定类型的散发气味的物质分子正好和这个凹陷吻合。研究者曾用六种不同的方法来检验这个理论，并取得了积极的结果。

还有人认为，一定量的气味分子能破坏嗅觉细胞的脂类膜，并吸附在其表面，从而产生嗅觉反应。这时，细胞内外的离子达到平衡。膜的区域性破坏与气味分子的大小和构型有关。

嗅觉的"吸附说"能解释嗅觉极重要的性质：①嗅觉的高度灵敏性，因为吸附是浓集过程，即使空气流中有少量气味分子，也可选择性地集中于嗅觉上皮，故嗅觉极灵敏；②嗅觉器官对气味物质能瞬时感觉，瞬时消除。因为吸附是动力学过程，有气味物质时即瞬时吸附，没有时即瞬时解吸。物质被吸附时可以产生许多现象，它们都可能是嗅觉感受的原因。因此，吸附说又可细分为"吸附热说""表面张力说""接触电位说"等。

（二）嗅觉对气味的分辨机制

食品的气味同味道一样，是由复杂的微量成分的混合物引起的，那么嗅觉细胞是怎样分辨这些种类繁多的气味的呢？目前关于嗅觉的分辨机制有如下几种相关的研究[34, 35]。

第一种是对于基本嗅觉的研究。生理学家认为，嗅觉由数个离散的基本嗅觉互相配合而产生。阿莫雷于1964年曾提出七种基本嗅觉，即分别由樟脑气味、麝香气味、花香气味、薄荷气味、乙醚气味、辛酸气味、腐败气味刺激而形成的嗅觉。可新近对嗅觉的研究认为有50多种基本嗅觉。

第二种是对气味物质功能–结构关联的研究。功能–结构关联学说认为，相同气味感觉的物质，其整个分子结构有一定的相似性。整个分子的形状和在此形状内存在的功能基是两个重要的参数。

第三种是对受体的研究。嗅觉细胞单位电活动研究表明，许多物质可以刺激嗅觉细胞，但每种物质使嗅觉细胞兴奋的程度不同。例如，将气味物质香蕉水（乙酸戊酯）、醋酸乙酯及二丁酯依次以各种浓度刺激某一个嗅觉细胞，结果该嗅觉细胞对于这三种气味物质的刺激都能很好地响应，但是其各自产生响应的临界浓度值不同，而且各自产生脉冲数量的多少因其浓度不同而有差别。这就体现了受体兴奋程度的差异。

第四种是对嗅觉信息在传导途径上整合与编码的研究。其中研究较多的是嗅球，因为嗅球是嗅觉系统中对嗅觉信息进行整合与编码的重要部位。除其利用突触传递信息的特点外，研究还表明：①嗅黏膜至嗅球的投射具有一定的空间排列，嗅黏膜的前部和背部投射至嗅球前端，后部和腹部投射至嗅球后端；②嗅球不同部位对不同气味的刺激所产生的电活动是有区别的，嗅球前部对水果气味（醋酸戊醋）产生活跃反应，而嗅球后部对油臭味（苯或戊烷）产生活跃反应；③嗅球内有两种主要细胞（僧帽细胞和丛状细胞）和三种神经元间细胞（球周细胞、颗粒细胞和短树突细胞），他们组成了嗅球内一整套完整的气味信号的传导与调节系统。僧帽细胞电活动的潜伏期、时程和波形与气味物质的物理特性、化学特性和气流速度有关。嗅球内二级神经元活动的空间性区别和时间性区别在嗅觉信息的整合与编码中起重要作用，可能构成分辨气味的基础。

虽然对嗅觉的分辨机制尚无定论，但这些相关研究无疑对嗅觉的人工模拟大有帮助。

二、模拟嗅觉的仿生设计

1982年，Persaud和Dodd等开创性地提出了一种模拟生物嗅觉工作原理的新颖气味探测系统——电子鼻[36]。电子鼻的系统构成与电子舌基本一致，嗅觉仿生传感器也由敏感元件和二级传感器构成，有不少科学家在探索嗅觉在体仿生技术的建立。

（一）基于生物敏感元件嗅觉仿生传感技术

嗅觉的生物敏感元件分为嗅觉受体、嗅觉细胞和嗅觉组织，由此建立了不同的嗅觉仿生传感技术[18]。

1. 基于嗅觉受体的嗅觉仿生传感技术

嗅觉受体是疏水的G蛋白偶联受体（G protein-coupled receptors，GPCR），其7段跨膜结构需要细胞膜的支持。开发基于受体的嗅觉仿生传感器是目前研究的热点。有研究者从牛蛙的嗅上皮中分离出了嗅觉蛋白，并将其修饰在传感器的表面，用来测定不同的挥发性有机物[37]。还有研究者提出利用异源表达系统，将带有嗅觉受体的细胞膜作为敏感元件与换能器耦合，构建嗅觉仿生传感器，其中最常用的异源表达系统包括HEK-293细胞、人类乳腺癌细胞MCF-7和真菌等[38]。图2-18展示出了浙江大学王平教授团队设计的基于声表面波（surface acoustic wave，SAW）传感器和大肠杆菌嗅觉受体ORD-10的嗅觉仿生传感器[39]。

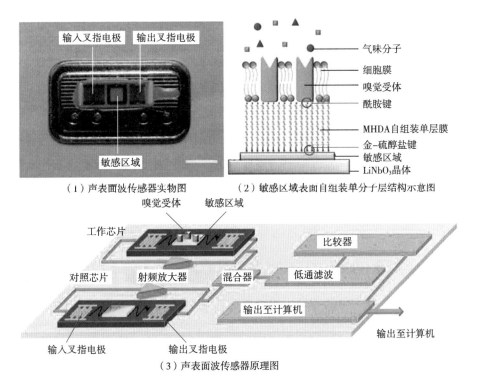

（1）声表面波传感器实物图　　　（2）敏感区域表面自组装单分子层结构示意图

（3）声表面波传感器原理图

图2-18　基于特异性嗅觉受体结合声表面波（SAW）传感器的嗅觉分子传感器[39]

昆虫对气味分子的识别需要嗅觉结合蛋白（odor binding receptor，OBP）的参与。嗅觉结合蛋白与疏水的气味分子结合后，使气味分子的亲水性增强，并将气味分子运载至受体上的特异性结合位点。嗅觉结合蛋白拥有与嗅觉受体相当的灵敏度和特异性，但其结构更简单。Lu等将蜜蜂的嗅觉结合蛋白固定在阻抗芯片表面，可特异性地检测信息素，该系统还可以用于研究嗅觉结合蛋白的其他功能[40]。

2. 基于嗅细胞的嗅觉仿生传感技术

使用原代嗅觉细胞［又称嗅觉神经元（olfactory sensory neurons，OSNs）］作为敏感元件进行嗅觉仿生设计。浙江大学王平教授将体外原代培养的嗅觉细胞与光寻址电位型传感器（LAPS）结合，嗅觉细胞细胞膜表面的特异性受体与气味分子结合后，引起胞内外离子浓度的变化，如图2-19（1）所示，并最终影响LAPS偏置电流的大小。利用该现象可以检测不同的气味分子[22]。此外，使用LAPS测试了嗅觉细胞对抑制剂MDL12330A及兴奋剂LY294002的响应，结果与生物学方法一致［图2-19（2）］[41-42]。

3. 基于嗅觉组织的嗅觉仿生传感技术

Schütz S等利用科罗拉多马铃薯甲虫的触角[43]，Liu Q[22, 24]和Chen P[44]等利用原代大鼠嗅觉感受组织等进行了嗅觉仿生设计。

图2-20所示是Huotari MJ等利用丽蝇触角中的嗅觉感受器（即嗅觉感受组织）进行的嗅觉仿生设计[45]。在图2-20（1）中，在右侧天线的表面装有测量微电极1和参考微电极2，并与放大器3连接，4为曝光气流管、5为清洁气流管。在图2-20（2）的嗅觉感受器中包含两个传感器细胞（A和B），在A中装有一个电极，1为微电极，2为参考微电极，3为放大器。图2-20（3）的系统包括测量电极1、参考电极2、微电极放大器3、暴露空气流管4（带有滤纸）、清洁空气流管5、转子流量计6、电磁阀7、电子控制器8、示波器9、仪表放大器10、DAT记录器11、音频放大器12和扬声器13。图2-20（4）为用于动作电位列车的信号和响应分析的设置，包括DAT记录器1、示波器2、放大器3、脉冲整形器4、时间-电压转换器5和数字信号分析器6。嗅觉感受器中嗅觉受体神经元（olfactory receptor neurones，ORN）的动作电位用微电极采集，并由连接到示波器、音频放大器和仪器放大器的高阻抗放大器放大。放大的动作电位和气味暴露时间被记录在数字音频磁带（digital audio tape，DAT）记录器上，用于后续分析。

（二）嗅觉仿生传感的二级传感器

由于所使用的敏感元件的不同，嗅觉仿生传感的二级传感器与味觉相似，也被分为基于光学检测、电化学检测和声波检测几大类。其中，基于电化学检测的二级传感器除了味觉仿生常用的微电极和光寻址电位传感器之外，还有电化学阻抗谱。

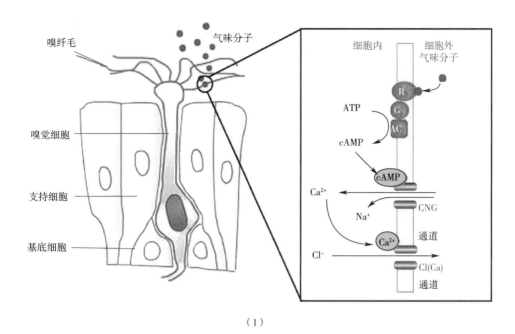

（1）

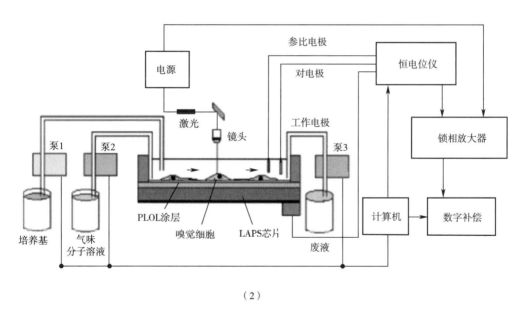

（2）

图2-19　LAPS测量系统检测气味分子

（1）嗅觉细胞与嗅纤毛中的离子通道[22]　（2）基于嗅觉细胞的LAPS测量系统[41-42]

R—受体蛋白（receptor protein）　G—与受体偶联的G蛋白（G protein coupled to receptor）　AC—腺苷酸环化酶（adenylyl cyclase）　CNG—环核苷酸门控离子通道（cyclic-nucleotide gated ion channel）　PLOL—聚左旋鸟氨酸和层黏连蛋白（poly-l-ornithine and Laminin）　LAPS—光寻址电位型传感器（light-addressable potentiometric sensor）

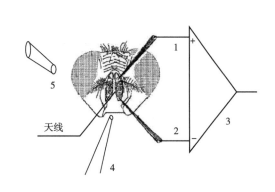

（1）雌性丽蝇的头部（正视图）

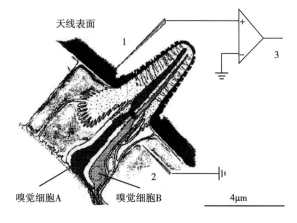

（2）嗅觉感受器

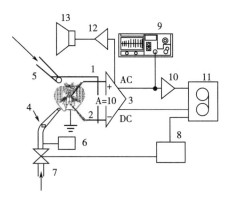

（3）气味暴露装置和响应测量系统

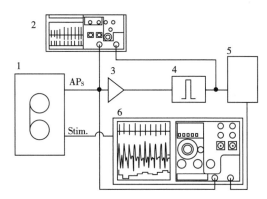

（4）动作电位信号和响应分析的设置

图2-20 利用丽蝇嗅觉感受器进行嗅觉仿生设计[44]

（1）1、2—参考微电机（装在右侧天线的表面，与3连接）

3—放大器 4—曝光气流管 5—清洁气流管

（2）1—微电极 2—参考微电极 3—放大器

（3）1—测量电极 2—参考电极 3—微电极放大器 4—暴露空气流管

5—清洁空气流管 6—转子流量计 7—电磁阀 8—电子控制器

9—示波器 10—仪表放大器 11—数字音频磁带记录器 12—音频放大器 13—扬声器

（AC：交流电源 DC：直流电源）

（4）1—DAT记录器 2—示波器 3—放大器 4—脉冲整形器

5—时间-电压转换器 6—数字信号分析器

（APs：动作电位 Stim.：气味暴露时间）

Misawa等将表达离子通道类型昆虫嗅觉受体的爪蟾卵母细胞（xenopus oocyte）固定在微流控芯片中，使用两个电极记录气味物质刺激前后细胞内电流的响应，研制仿生嗅觉传感器。结果表明该传感器最低检测下限可达10 nmol/L，一旦检测到气味物质的浓度超过阈值，即可控制机器人头部的转动，可实现实时监测[46]。Liu Q等在微电极阵列芯片上培养嗅黏膜组织，利用天然的嗅觉受体和电生理机制，构建了基于微电极阵列的仿生嗅觉传感器[24, 47]。嗅黏膜组织包含大量的嗅觉感受神经元等，嗅觉感受神经元的纤毛上具有完整的功能性嗅觉受体蛋白，黏膜周围含有各种嗅觉结合蛋白等分子，可促进气味物质与嗅觉受体的结合，因此更加接近在体嗅觉检测的过程。此外，还尝试将嗅球组织切片与微电极阵列芯片耦合，建立嗅觉信号检测的平台。嗅球组织切片较好地保存了嗅觉神经网络和突触连接，非常适合用于探索嗅觉信号编码特征，为仿生嗅觉传感器的研制以及体外嗅觉神经网络信息编码、解码提供了实用的研究平台[48, 49]。

Du L和Wu C研发了基于石英晶体微天平和声表面波器件的仿生嗅觉传感器[50, 51]，如图2-21所示。将线虫嗅觉受体蛋白ODR-10固定在传感器表面，通过传感器检测气味物质与嗅觉受体蛋白作用后引起的质量变化，进行气味物质的特异性灵敏检测。

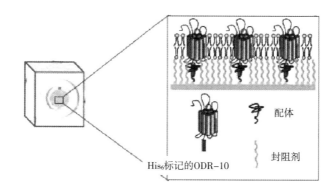

His$_6$标记的ODR-10

配体

封阻剂

图2-21 一种基于石英晶体微天平（quartz crystal microbalance，QCM）
器件的味觉仿生传感器[50, 51]

（三）基于在体生物的嗅觉仿生传感技术

浙江大学王平教授团队提出了新型在体生物电子鼻（图2-22）。哺乳动物的嗅上皮作为初级气味感受器产生响应信号，信号在嗅球和嗅皮层中进行修饰处理；将植入式微电极阵列包埋于嗅球中，同步记录嗅球中多个僧帽、丛状细胞信号；通过模式识别算法，对神经元信号进行解码，从而提取出与气味相关的信息，实现气味检测。研究结合最大似然估计和主成分分析方法，发现在体生物电子鼻不仅可以有效区分香芹酮、丁二酮、苯甲醚、乙酸异戊酯、辛醇、戊醛和丁酸等不同官能团的单分子气味（识别准确率达92.67%）[52]同时对香蕉、橙子、草莓、菠萝等释放的混合气味也能有效区分[53]。此外，对香芹酮的最低检测浓度达到10^{-10} mol/L以下，使用寿命可达3个月。

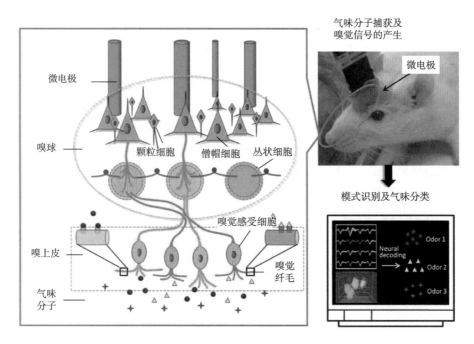

（1）在体生物电子鼻系统示意图

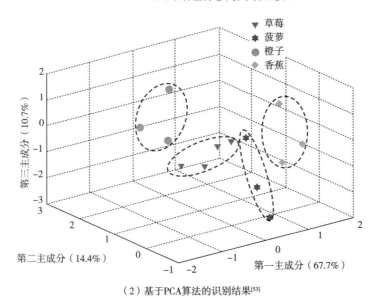

（2）基于PCA算法的识别结果[53]

图2-22　在体生物电子鼻

第四节　食品质地的仿生评价技术

食物进入口腔以后，牙齿会对食物进行咀嚼，人体可以快速、准确地获得食物的质地信息。因此对牙齿咀嚼食物过程的重新认识是进行质地仿生评价的基础。

一、牙齿对食物的咀嚼

人的大脑有极强的逻辑功能和大量的信息贮存空间，它对一切事物的感受与分辨经过严密的逻辑推理、判断来完成。而且每推判一个结论，就立即存入大脑，以不断丰富大脑的内存。在人们食用食物时，对食物品质的感受正是借大脑的逻辑功能通过推理判断来完成的。关于食物的咀嚼，要经过观察、触摸、切牙的分块、磨牙的咀嚼等一系列动作来获得原始信息，大脑随后把这一系列信息通过综合、对比、假设、取舍等推理，最终得出准确的结论。该结论又被存入大脑，作为下一次对比判断的信息资料依据之一。因此，对该感受系统的作业机制的准确分析是实现合理模拟的关键。

牙齿是大多数高等动物必须具有的器官，是人体最坚硬的器官，具有咬断、撕裂和研磨食物的作用。它是减小食物尺寸、扩大食物与分解酶接触面积的有力工具，同时也是感受食物硬度、柔软度、黏度、脆度、嫩度、咀嚼性、砂性、绵性、酥性等质地指标的受体。牙齿作为食品质地指标的传感器之一，在质地的感受系统中占有极为重要的地位。为了探讨食品质地指标的仿生评价方案，有必要对牙齿感受过程做如下尝试性的分析探讨。牙齿感受过程共分为以下四个阶段。

1. 质地指标的初步判断及切牙分块时切入力量程的自动选择

当眼睛看到食物和（或）手触摸到食物时，大脑根据以往所存的丰富的信息，可初步估计出上述一些食物质地指标的值域，从而通过控制指令调整神经系统，施加给将要剪切食物的切牙所需的切入力，即实现了切入力量程的自动选择。我们知道，对很松软的食品用过大的力来分块，会造成牙齿不必要的对击和能耗，而对于较硬的食品用力过小，则达不到分块的目的。因此，切牙切入力量程的自动选择是不容忽视的一个环节。

2. 试分块

人脑的信息是极其丰富的，上述初步判断给出的切入力量程一般很准确。但是对于未尝试过的食品，人们多是谨慎地先用牙齿试剪切一次。

牙齿的结构如图2-23所示。切牙的剪切是判断或测定食物质地指标的重要环节之一。切牙切入时给食物的力（或应力）一般是恒定的，大脑感受的是食物的变形（或应变），或者切牙受力时间的长短。由于食物形状大小不同，人们对食物的嗜好也不同，因此，对食物的分块方式也有异，这就给分析带来了很多不便。据观察与调查，牙齿对于食物的分块大约可分以下几种情况，下面分别予以简析。

（1）对于厚度小于牙冠高度2倍但并不坚硬，或者厚度较大但质软不会破坏牙龈的食物，牙齿切入力的施加方式及对应变的感受过程都比较简单，即切入力沿垂直方向施加，其变形

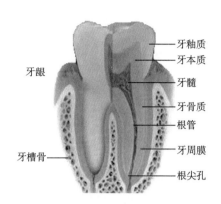

图2-23 牙齿的结构

特性亦与一般生物材料流变试验结果相似。该情况下主要感受的是食物的嫩度、绵性和酥性等质地指标。

（2）对于表面坚韧、强度较大但刚度很低的食物，牙齿垂直方向的作用力只是为了施加一个正应力，以便产生足够的摩擦阻力。食物的分块主要借助手的作用力来完成。这种情况下，手的作用力主要是水平牵拉力，向下施加的垂直力矩很小，可以不计。这时，牙齿像一个宽的悬臂板那样以弯曲的形式承受载荷。利用有限元网络模型进行牙齿表面载荷的计算（图2-24），根据有限元法计算出的结果得到牙齿表面受到的载荷，如图2-25所示[54]。牙齿作用力量程的选择主要依靠最初的观察和牙齿对垂直方向施加正应力的感受信号来决定。在这种情况下，大脑对食物品质的感受主要依靠分布在牙周膜的神经系统对载荷大小和受载时间的采集与传导来完成。例如，对于强度高、韧性大的牛肉干，手的水平拉力和牙齿的承载时间较大较长，而对于表面坚韧但强度不高的干枣，拉力和承载时间则相对较小较短。另外，在给定的承载量程范围内，手的水平牵拉力与牙齿的承载时间之间有一个唯一的关联关系式，这个关联式中某个特征参数会显示出食物的坚韧性、强度、嫩度等质地指标值，也会初步显示出食物的咀嚼性好坏。

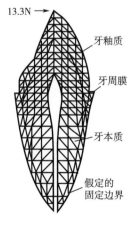

图2-24 上颌中切齿的有限元网络模型[54]

（3）若食物较脆较硬，有足够的刚度和一定的长度，且厚度大于牙冠高度的2倍，则切牙对食物的分块分两个阶段进行。首先是牙齿垂直用力切入食物，然后借助手的作用力向下（或向上）施加力矩将食物分块。这种情况下，手的水平牵拉力较小，可以不计。这时牙齿承受的水平力和垂直力都较大，如图2-26所示。对质地指标的感受机制类同情况（2），不再赘述。该情况下主要感受的是食物的硬度、脆度、酥性等质地指标。

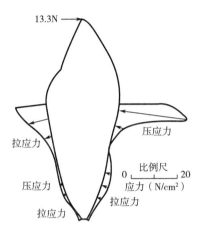

图2-25 牙齿表面受到的载荷[54]

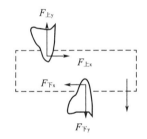

图2-26 切牙受力示意图

$F_{上y}$—食物对上切牙y方向的作用力　$F_{下y}$—食物对下切牙y方向的作用力

$F_{上x}$—食物对上切牙x方向的作用力　$F_{下x}$—食物对下切牙x方向的作用力

3. 调整量程和重新分块

在牙齿做了试剪切之后，若作用力太小，大脑会根据试剪切的反馈信号迅速调整切分量程，重新加力，其后续过程同上。

4. 咀嚼

完成食物分块之后，食物借助舌头和口腔肌肉的运动被输入到上下磨牙之间，进行咀嚼。咀嚼的力学过程也分两个阶段，首先是力的垂直作用，然后紧接着是水平研磨。当然随着咀嚼的进行，这两个阶段的强弱会有变化。咀嚼时，唾液酶主要起分解淀粉的作用，但其作为一种研磨剂帮助研磨顺利进行和保护牙齿啮合面的作用不可忽视。在这里我们关心的是唾液酶对人体感受食物品质有一定的影响。

根据体验与调查，咀嚼时下颌骨带动牙齿的运动是一个恒速运动过程，即每一个咀嚼回合食物所受的挤压与研磨（或剪切）速率为一个恒定值。当然，对不同的食物，研磨（或剪切）速率会有差异。咀嚼过程中牙齿对食物质地指标的感受主要是通过神经系统和大脑对牙齿所承受的挤压力和摩擦阻力的大小的传导与记录来完成。不过牙齿研磨（或剪切）速率的值和运动速率与牙齿受力的关联关系式也是描述感受情况的不可忽视的方面。除此之外，还有一些辅助感受，如挤压摩擦声音、食物对牙龈和口腔的刺激等。磨牙对黏度的感受主要通过对食物研磨完毕后牙齿分开时，因食物黏性对上下牙产生的黏拉力的大小来进行判断。磨牙主要感受的是食物的嫩度、柔软度、黏度、咀嚼性、砂性、绵性、酥性等质地指标。

二、对口腔咀嚼加工的仿生设计

出于对食物质地评价的需要，不少研究者开发出模拟口腔咀嚼的仿生设备。吉林大学孙永海团队在此领域开展了深入的研究工作。

1. 双轴咀嚼模拟机

Christian M等研制的双轴咀嚼模拟机能实现垂直、水平方向加载，可用于牙体材料的摩擦试验[55]。Xu W L等研制的6RSS并联机构咀嚼机器人能模拟人的咀嚼动作粉碎食物[56]。Salles C等研制的咀嚼模拟装置可通过减速电动机、人造上下颚牙齿的旋转、挤压运动磨碎食物，通过气味收集器分析食物团挥发出的气味[57]。Woda A等模拟咀嚼运动，利用两个带凸台的金属圆盘相互旋转挤压磨碎食物，并可做物料破碎度分析[58]。Pauline P等研制了由密闭容器、齿形活塞、可变速电动机等组成的咀嚼模拟器，通过压碎面包来分析面包释放的香气[59]。但是，这些咀嚼模拟器的咀嚼部件大多是圆盘、齿形活塞等，没有真正模仿牙齿、牙列形态结构；虽然有的模拟器使用了牙齿模型或人颌骨，但是这些模型或标本机械性能差，能承受的咀嚼力小。

为此，孙钟雷和孙永海于2011年采用逆向工程方法设计制作了仿生牙齿、仿生颞下颌关节等零部件，并将其组装成咀嚼装置，实现了三维咀嚼运动，确定了运动参数[60]。咀嚼功能测试结果表明，该装置的咬合力可达到咀嚼食物的力量，并且可根据食物的不同而改变；本装置的咀嚼效率和受试者的咀嚼效率无显著差异，最大值可达92.3%；重复试验无显著差异，说明本装置稳定可靠。

该仿生咀嚼装置主要包括仿生咀嚼器、动力系统、装卸料系统、支撑系统等，主体结构如图2-27所示。仿生咀嚼器包括仿生牙齿、仿生牙周膜、仿生颞下颌关节、仿生颌骨、仿咀嚼肌弹簧、防压柱等。动力系统包括可调速电动机、联轴器、传动轴、偏心轮、圆柱凸轮、凸轮从动件、压板、喂料板刷等。装卸料系统包括丝杠、丝母、舌形送料板、收集管等。支撑系统包括立柱、底板、固定板等。此外，还有模仿牙龈的橡胶带、模仿脸颊的橡胶皮、自控温电热带、唾液管、微型水泵等。

图2-27　仿生咀嚼装置结构图[60]

1—动力系统　2—仿生咀嚼器　3—支撑系统　4—装卸料系统

　　该装置分别采用仿生上颌和仿生下颌下压和咀嚼食物，采用间歇性送料方式。固体食物块由装卸料系统从仿生下颌底部送入，电动机驱动偏心轮使仿生上颌张开，与此同时圆柱凸轮带动喂料板刷将食物送到后牙齿面上，人造唾液由唾液管流入，仿咀嚼肌弹簧收缩拉动仿生上颌闭颌进行拟咀嚼。咀嚼完成后，从唾液管中喷出清洗液，喂料板刷清洁仿生牙齿，装卸料系统收集食物残渣。

　　该装置的开颌运动是以仿生髁突为支点，通过偏心轮下压仿生上颌来实现的。小开颌运动时，仿生关节窝绕仿生髁突转动；大开颌运动时，仿生关节窝斜向下滑动。闭颌运动通过安置于仿生颌外侧的两根仿咀嚼肌弹簧收缩，拉动仿生上颌实现。前后运动是在开闭颌时，两侧仿生关节窝在仿生髁突上对称滑动实现。侧向运动是一种不对称的运动，当单侧咀嚼时，两侧仿咀嚼肌弹簧拉力不平衡，使得一侧仿生关节窝在仿生髁突上转动，另一侧滑动，从而实现侧向偏移。该装置的咀嚼运动示意图如图2-28所示。

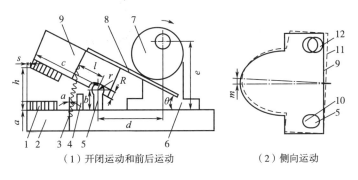

（1）开闭运动和前后运动　　　　（2）侧向运动

图2-28　咀嚼运动示意图[60]

1—仿生牙齿　2—仿生下颌　3—仿咀嚼肌弹簧　4—防压柱　5—仿生髁突　6—支撑板　7—偏心轮　8—压板
9—仿生上颌　10—仿生关节窝（转动）　11—仿生上颌（滑移后）　12—仿生关节窝（滑动）

孙钟雷和孙永海等采用三维激光扫描仪获取齿冠点云[1]（图2-29），根据齿冠点云绘制出亚冠曲面（图2-30）；再利用逆向工程技术设计制作仿齿冠压头（图2-31）。采用筛分称重法测定仿齿冠压头破碎率，使用非线性接触模型对仿齿冠压头破碎物料过程进行有限元模拟，并与圆柱、齿形压头进行对比[61]。

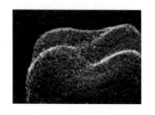 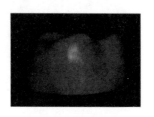 

图2-29　齿冠点云[61]　　　　图2-30　齿冠曲面[61]　　　图2-31　仿齿冠压头实体模型[61]

孙钟雷等利用仿齿冠压头进行了物料脆裂力学特性的检测研究[62]。

人咀嚼破碎食物时，咀嚼肌收缩产生咬合力，下磨牙上移接近上磨牙，下磨牙对齿面上的食物施加垂直作用力，克服食物的内聚力而破碎食物。在此咀嚼过程中，上下磨牙的尖窝密切配合，其中，上磨牙的舌侧牙尖与下磨牙的牙窝配合，下磨牙的颊侧牙尖与上磨牙的牙窝配合，从而形成"杵-臼"结构[63]。上磨牙舌侧和下磨牙颊侧牙尖是功能性牙尖，而下颌舌侧和上颌颊侧牙尖是非功能性牙尖，功能性牙尖充当"杵"，对应的牙窝充当"臼"。仿齿压头模仿了磨牙冠面的形态，压碎物料时遵循这种"杵-臼"模型，将物料置于下砧面上，仿齿压头下移与物料接触，对物料施加力的作用使物料破碎。"杵-臼"结构和仿齿压头压碎物料模型如图2-32所示。

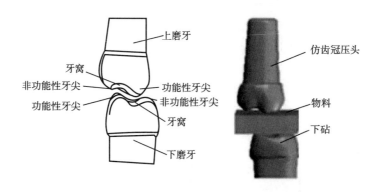

图2-32　"杵-臼"结构和仿齿冠压头压碎物料模型[62]

利用该模型对长方体、圆柱体胡萝卜和苹果试样进行压碎试验（图2-33），分析了物料

---

1)　点云是某个坐标系下的点的数据集。

脆裂力与脆性感官评分的相关性，结果表明，脆裂力与脆性感官评分之间相关性良好（$R^2=$ 0.9613），可以在基于仿齿压头的物料脆裂力学模型下通过测定脆裂力来判定物料的脆性。

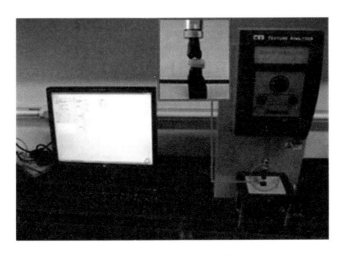

图2-33 物料压碎试验[62]

2. 仿生食品质构仪

质构仪是测量食品质地的主要仪器，目前已广泛应用于食品质地的评价分析。TaxT2i型食品质构仪、CT3型食品质构仪是目前常用的仪器。除了这些通用仪器外，人们还在积极研制一些新型食品质构仪。Mitsuru T等研制了由探针、压电传感器、计算机等组成的食品质构仪，通过探针刺压食物和压电传感器来感知食物的振动信号[64]。Behic M等研制了由圆球压头、压电水晶、加载单元等组成的质地测试仪，利用此装置测试了玉米粉的黏弹性[65]。陈纯等研制了由操作台、探头、压力传感器、直流电动机等组成的新型食品质构仪[66]。这些食品质地测量仪器只近似模仿牙齿咀嚼运动进行质地测量，没有模仿齿面形态、牙周膜结构及信号传递机制、口腔温湿环境等，与人体的感官感知相差较大。质地测量仪器应符合消费者的感官评价习惯，越接近人的感官，测量仪器就越好[67]。

孙永海团队根据牙齿感知食物质地的机制，利用仿生技术对牙齿、牙周膜、咀嚼运动、口腔温度以及唾液分泌进行了全面模仿，设计出了仿生食品质构仪，并对食品质地进行了测试[68]。

仿生食品质构仪主要由仿生咀嚼装置、仿生牙周膜、信号调理电路与测试软件等构成。

（1）仿生咀嚼装置 该装置主要包括仿生牙齿、仿生颞下颌关节、仿生上下颌、仿咀嚼肌弹簧、动力系统、装卸料机构、支撑架等，可完成三维咀嚼运动，实现压碎、磨细食物的功能。

（2）仿生牙周膜 牙周膜是牙根周围的纤维组织薄膜，其中的机械感受器极为敏感，可以感知齿面上微小的触压力。选取聚偏二氟乙烯（PVDF）压电薄膜作为敏感元件，模仿牙周膜机械感受器，其质地柔软、易黏合、防水防潮，具有良好的压电效应[1]，适合牙齿咀嚼力的测量[69]。以PVDF压电薄膜为主体，配以导线、薄铜片、涤纶树脂（PET）薄膜、环氧导电胶，可制成压电薄膜传感器。根据仿生牙齿根部的形态以及牙周膜感受器的分布部位，将压电薄膜传感器制成圆锥筒形和圆片形，分别粘贴于仿生牙齿齿根外围和底部，从而形成仿生牙周膜。在仿生上下颌的左右两侧分别仿生第一磨牙、第二磨牙共8颗牙齿，并在其外围和底部粘贴仿生牙周膜。

（3）信号调理电路与测试软件　根据PVDF薄膜性质和信号采集卡要求，采用二级放大电路进行信号放大。利用Visual C++语言开发的仿生食品质构仪测试软件，整个软件基于单文档设计，界面友好、操作方便，可实现食品质地信号的自动采集和分析处理，还可绘制出信号曲线图。测试软件主要包括样品信息、参数设置、信号采集、数据处理4个模块。

利用该仿生食品质构仪测量苹果和胡萝卜的感官指标，发现与苹果硬度、脆性的相关系数为0.970、0.904，与胡萝卜硬度、脆性的相关系数为0.961、0.971，这表明该仿生食品质构仪更接近人类感官，更适合脆性食品质地的测试。

图2-34所示是日本早期研制的一种模仿口腔咀嚼动作的质地测试仪，可用来测定食品质地性质。这种仪器可以以数据的形式表示质地多面剖析中的1次特征，如硬度、凝聚性、黏着性等。测定时，柱形压头上下运动，像咀嚼食品一样，将载物器的悬壁杆与应变计相连，可连续测定压头上下运动时试样所受的压力、拉力，并通过以一定速度卷动的记录纸记录力的变化。压头一般采用树脂制的直径18mm、高25mm的圆柱。试验开始时，在载物器上放上试样，然后选择适当电压（U）通电，使咀嚼力的曲线波形有合适的大小。这样，在记录纸上就会得到质地特征曲线，它反映了试样在咀嚼动作下所受力随时间变化的破碎过程，从中可以分析出试样质地的全部特征。质地特征曲线从右到左记录了破碎动作的第一次和第二次力和时间的变化，由这一曲线可以得到以下质地参数。

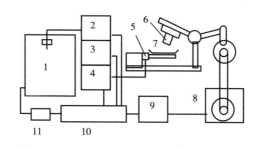

图2-34　质地测试仪构造简图

1—记录笔和记录纸　2—分配器　3—电桥回路　4—电压计　5—应变测压器
6—压头　7—盘　8—电机和变速机构　9—电源　10—控制板　11—记录仪

1）压电效应是指某些材料在机械应力作用下，其中产生的电极化强度发生改变的现象。

①硬度：H_1/U。H_1为第1波峰高度，U为所加电压。

②凝聚性：A_2/A_1。A_2为第2波峰面积，A_1为第1波峰面积。

③弹性：$C-B$。C为用典型无弹力物质（如黏土）做相同试验时所测得的两次压缩接触点间距离；B为用试样做相同试验时所测得的两次压缩接触点间距离。

④黏着性：A_3/U。A_3为面积，U为所加电压。

⑤胶黏性：H_2/U。H_2为第2波峰高度，U为所加电压。

⑥脆性：F/U。F为所加的力。

⑦耐嚼性（咀嚼性）：硬度×凝聚性×弹性（固体食品）。

⑧黏性：硬度×凝聚性（固体食品）。

3. 基于压－声模拟的仿生脆性检测设备

前面介绍的两种设计都是尽可能模拟牙齿咀嚼的力学特性，其实对于脆性食品，声音也是一个重要的判断要素。为此，Mitsuru Taniwaki等设计制作了基于声音信号和基于力学信号的系统，检测了薯片、苹果等食品的脆性[70-75]。孙钟雷等也建立了模拟咀嚼系统和听觉系统的仿生脆性检测设备，通过压力传感器模拟牙周膜获取力学信号、通过声音传感器模拟耳朵获取声音信号，编制软件程序模拟大脑进行脆性分析判定[76]。

硬件装置（图2-35）主要包括仿生咀嚼破碎装置、力学信号获取装置、声音信号获取装置、温控装置和人造唾液输送装置等。

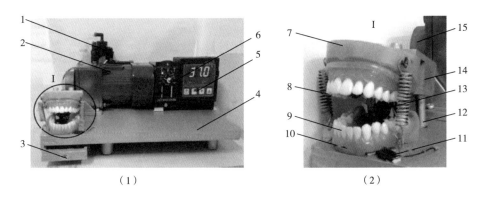

（1）　　　　　　　　　　　　　　　（2）

图2-35　仿生食品脆性检测装置

1—唾液泵　2—电动机　3—卸料盒　4—底板　5—温控器　6—电动机调速器　7—仿生上颌
8—仿咀嚼肌弹簧　9—仿生牙齿　10—仿生下颌　11—仿生牙周膜　12—仿生髁突支
13—仿耳膜传感器　14—上颌延伸件　15—驱动轮

（1）仿生咀嚼破碎装置　通过模拟咀嚼系统的结构和运动形式，采用逆向工程方法设计制作[60]。

（2）力学信号获取装置　由仿牙周膜压力传感器、电荷放大器、信号调理器、信号采集卡、计算机等组成。其中，仿牙周膜压力传感器是根据牙周膜的形态以及感知触压力的机制设计制作的[68]，由PVDF压电薄膜、PET薄膜、环氧导电胶等组成。

（3）声音信号获取装置　主要包括MC-303型高灵敏声音传感器、Conexant HD Smart Audio221型声卡、计算机等，根据测试榨菜脆性的需要安置在第一前磨牙内侧。仿口腔温湿环境装置包括温控装置和人造唾液输送装置。

（4）温控装置　由DXW型低温通用电热带、温度传感器探头、TN99型温度控制器组成，可实现仿生口腔内温度条件的控制。

（5）人造唾液输送装置　由DZ-1X型微型计量泵、输液管、输液瓶和人造唾液组成，可模仿人类咀嚼食物时唾液的分泌情况，根据测试榨菜脆性的需要，人造唾液由微型计量泵控制均匀地流到上颌第一前磨牙根部。

孙钟雷等利用该设备进行了榨菜脆性的研究。结果表明：测得的脆性指标最大值、峰谷差、平均差和幅值差与感官评分存在极显著的相关性，相关系数分别达到0.997、0.993、0.975、0.968；榨菜脆性预测方程的预测平均相对误差小于10%，RSD值小于2.0%，且T检验的显著性水平大于0.05，预测值与实测值无明显差异，可以准确、客观、快速地替代人类专家进行榨菜脆性检测。

三、对食品质地评价仿生设计的思考

（一）咀嚼模拟的系统构成与智能化设计

在食物咀嚼过程中，在多种信息的联合刺激下，大脑通过逻辑运载，可立即给出主要质地指标的推判结果。也正是有如此众多且彼此非常协调的信号的综合刺激，大脑才能对不同食物的质地指标做出细腻的分辨。该过程中信号刺激的协调性和综合性正是生命活动的整体性所决定的。因此，任何忽视感受过程的综合性和刺激之间的协调性而只考虑一个方面信号刺激的模拟都是不完善的。目前，不少研究者都在努力模拟牙齿的咀嚼运动，并设计出各种各样的质地评价设备。然而这些设备都是单一地模拟咀嚼研磨[77]或切分剪切作用[78]，有的也考虑到了唾液的影响。但是，还是很难准确地反映食品的质地指标。这并非说在模拟时对原生物模型进行一定的简化是不对的，而是说在当时的技术条件下应尽可能保持模拟结果失真度最低，为此提出以下几个关键点以供讨论。

（1）两步评价　模拟人体的牙齿，分"分块"和"咀嚼"两步进行评价。

（2）测量部件设计　将"分块"和"咀嚼"两部分测量部件分别做成形似切牙和磨牙状。材料特性要与牙齿组织材料特性相近，牙齿各部分材料的特性参见文献［54］。测头与其固定座之间也由类似牙周膜（弹性模量大约为1400N/mm²）的软材料连接，传感器装在软材料与测头之间（图2-36）。

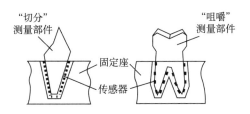

图2-36　"切分"和"咀嚼"测量部件设计方案

　　传感器采用导电橡胶片的分布型压觉传感可达到预计的效果（图2-37）。由于由聚偏氟乙烯（PVDF）所代表的氟系高分子在某种条件下处理之后可出现各种功能性，因此可作为压觉传感器材料。例如，在橡胶和塑料中混合钛锆酸铅，（PZT，$PbZrO_3$和$PbTiO_3$的固溶体）及碳粉，由于电阻或电容的变化以及短路而出现压电性。在图2-37中，如向分散碳粉的导电橡胶片上加力则橡胶片会瘪下去，在被压缩的地方，碳粉的密度变大，因此与不受力的地方相比电阻值会下降。如图2-37所示，如在橡胶片上间隔地配置电极和流动电流，而将其电阻变化作为电信号输出，就可了解各电极位置上的压力分布。

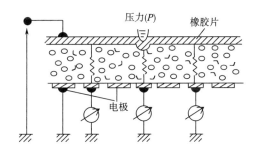

图2-37　压散电阻的分布型压觉传感器

　　（3）测试部件运动设计　"咀嚼"时测头的运动情况较"分块"时复杂，其运动过程可通过一个连杆滑块机构来完成（即模拟下颌带动下磨牙运动），如图2-38所示。

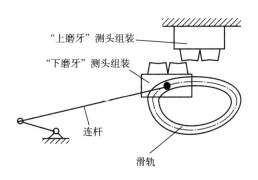

图2-38　模拟下磨牙运动方案示意图

（4）信号检控系统　信号检控系统的工作过程分为信号的采集与量程的微调。信号采集包括对"分块"部件的变形随时间的变化和（或）受力时间的采集，以及"咀嚼"部件对挤压力和摩擦阻力（或剪切阻力）的采集。对采集到的信号最好进行规范化处理，再送入后续的识别系统。量程的微调（又称增益控制）指的是在识别判断的专家系统已经给出作用力或运动速率值域以后，再在信号检验系统中，在已给定的值域内，借助预先设定的误差判别值进行检验，进行量程的小范围调整。该系统信号的规范化处理和量程的微调可使用单板机和单片机的智能模块来完成。

（5）识别判断的专家系统　人工智能专家系统（Artificial Intelligence and Expert System）技术首先在医学界得到了长足发展。目前它的应用研究已波及各个领域。本文涉及的食品质地评价信息识别判断专家系统的框架由输入输出（I/O）模块、推理及控制模块、食品种类贮存模块、知识库和数据库等组成，各功能模块之间的关系如图2-39所示。

①用户：为一般工作人员。

②I/O模块：又称用户界面，是系统与用户之间的接口，主要功能是完成被评价食品初始信息和由信号检控整理系统送来信息的输入和中间及最终判断结果的输出，以及一些必要的转换工作。

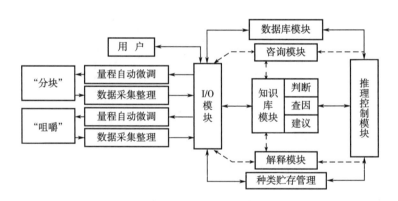

图2-39　食品质地仿生评价实验测量系统方案框图

③知识库模块：是系统的核心之一，设计成多模块分级知识库最好，主要部分为质地判断知识库，另外还可含质地产生原因知识库（包括优质质地食品生产加工的经验方法和劣质质地食品生产加工的失败因素）和计划建议知识库（给出优良质地食品的生产方案）等。质地判断知识库的建立，要经过一定数量的感官评定试验来完成。参加评价的人数、评价的食物种类和描述食品质地特性参数的数量都要达到一定的数量要求。建立质地产生原因知识库和计划建议知识库时，要广泛地收集国内外有关专家的知识资料。

④数据库模块：分动态数据库和静态数据库。前者允许用户方便地对在判断推理过程中产生的数据进行插入、删除及修改等操作，以动态数据黑箱的形式体现；后者包含知识库及耦合于程序中的数据，随时可调用。

⑤食品种类贮存管理模块：以食品名称或种类编写做索引，实现对食品信息或数据的贮存。

⑥推理控制模块：是系统的核心，可采用多种判断求解模型及正反向推理技术来模拟人的判断过程。

⑦咨询模块：采用规则及模式匹配控制提供有关优质食品的生产加工原理或计划建议。该功能属仿生评价之外的扩展功能。

⑧解释模块：主要通过对判断推理过程的回溯追踪（Recursive Trace），为用户提供有关结论及推理过程等的解释，使用户易于接受系统的推断结论、提高系统的透明性和可接受性。若为了简化系统，该模块可以不要。

系统工作时，用户只需要通过I/O接口输入食品名称或其编号，系统就会通过人机对话的方式询问食品的颜色、光泽、大小、软硬等初始信息，以便经索引、推理、判断等过程给出下一步测量的量程选择，并控制测量机的工作。当各测量的数据通过规范化整理输入系统之后，进入专家系统，借助推理机的正反推理技术和不同的模型求解，可给出该食品的一切质地指标。除此之外，该专家系统还能模拟食品领域专家的思维推断出产生这种质地指标的原因，并提出生产优质质地食品的生产措施。因此，该系统建立的意义将远远超出质地评价这一最初目标，而在优质食品生产方面成为生产者的指南。

（二）关于对触觉的模拟

在食品领域，对食品质地的感知大部分是对人体口腔咀嚼行为进行模拟研究。其实上述对触觉的模拟研究也很重要，因为人对食品的触摸也是对食品进行品质判断重要方法之一，例如人们利用触摸对西瓜成熟度进行判断。但是在食品领域对触觉的模拟研究鲜有报道，以下我们将介绍一下其他领域的相关研究。

触觉传感器技术的提高将有利于开发更易用的电子产品。但是，从目前所有集成了触觉传感器的系统来看，大部分器械还处于传感器元件开发的初级阶段。在触觉传感器的发展过程中，触摸式传感器技术早先就被当作用户界面使用，台式电脑的鼠标也可说是触觉传感器的一种，而笔记本电脑等的触摸板早在20世纪90年代初就已上市。上述传感器中采用了各种各样的技术。例如，用间隔层隔开触摸板X轴、Y轴的布线，检测X轴、Y轴上通过光线的过滤情况；使用声波或超声波检测静电容量的变化等技术。虽然各类技术有其各自的特征及研究课题，但大部分技术都只是输出触摸板上的二维位置信息，而且只能同时检测一个点的信息。通过这一个点的位置信息进行操作，在使用上难以大幅超越鼠标。

触觉传感器技术最近已真正开始实用化，而且具有非常高的性能。具体来说，业界正在进行以下三大方面的新技术开发（图2-40）：大面积化、使用场所及应用的多样化；目标是具有人类皮肤的感觉，不仅能检测位置，还将能检测力度、压力、温度、表面凹凸、有无摩擦等；利用互补金属氧化物半导体（CMOS）工艺等进行集成。

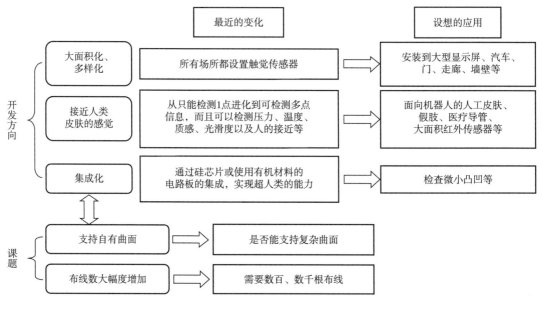

图2-40 触觉传感器开发的三大方面

大面积方面有像微软公司Microsoft Surface那样的大型液晶屏上市，该屏幕上布满了触摸传感器，不光面积大，而且可同时检测多根手指的接触，所以可以用两只手对屏幕上显示的相片、图形等进行移动、扩大、缩小、旋转等操作。

人们日常所接触到的家电也在向该方面发展，设备外表面将布满触摸传感器。

早稻田大学的研究小组开发的看护机器人TWENDYONE内嵌入了多种触觉传感器。胸与腕等处共计嵌入了164个8位分布式动力传感器FSR（Force Sensing Register），头与手指上安装的是6轴传感器，可测量3轴的力与3轴的力矩。在手掌的硅橡胶人工皮肤下，还安装了美国PPS（Pressure Profile Systems）公司的触觉传感膜，可检测微小的压力，并且可以抓住柔软的物体。每只手掌上有241个感应点。

与人的手指相比，这种密度自然不算高，但从机器人的整体性能来看，目前还无须更高密度的触感技术。以往的触觉传感器仅仅用来检测位置，但实际上当人触摸到机器人时，触摸的方式不同，所包含的情感信息也不同，十分复杂。早稻田大学的菅野教授表示，机器人TWENDYONE里就安装了可以控制这类复杂信息的传感器。

对视觉、听觉、嗅觉、味觉、触觉的模拟研究是目前各个领域出于产品开发需要所进行的仿生学技术开发最为活跃的研究领域，发展速度很快。图2-41展示的是近些年该领域整体发展状况处于较领先的是听觉传感器与视觉传感器，此类传感器在信息处理、识别技术方面发展惊人。不久，应该就可以从超高速动态影像中提取出各种信息，并扩大人类视野，让人们可以看到以前人类看不到的地方。

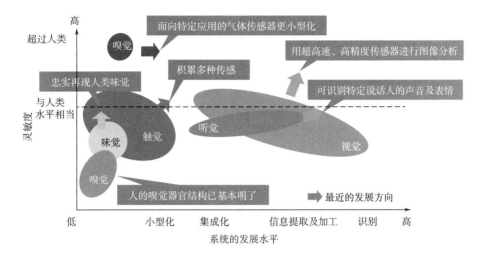

图2-41　触觉、嗅觉、味觉的开发开始追赶视觉、听觉

　　上述五感传感器开发的共通之处就是技术发展都充分参考了生物体的结构。不只开发了仿真人类感觉的传感器，而且还开发了大大超越人的感觉及能力的传感器。

参考文献

［1］Larmond E, Sensory evaluation can be objective in objective methods, in food quality assessment［M］. ed, Kapsalis, g. J. CRC Press USA, 1987.

［2］Cardello A V, Parycho O M. Physical bases for the assessment of food quality in objective methods, in food quality assessment［M］. ed, Kapsadis, g. J. CRC, Press USA, 1987.

［3］区明勋, 王季襄, 李街. 感官鉴定在食品科学中的应用——测量标度及影响评判结果的因素［J］. 食品科学, 1990,（5）: 3-7.

［4］李春蔚. 苹果密植丰产栽培［M］. 北京: 中国林业出版社, 1988.

［5］余疾风. 在食品感官质量的模糊综合评价中如何正确的制定权重分配方案［J］. 食品科学, 1990,（1）: 15-16.

［6］关军锋. 一种新的果蔬品质评判方法［J］. 食品科学, 1990,（5）: 7-11.

［7］赵学笃, 等. 农业物料学［M］. 北京: 机械工业出版社, 1987.

［8］Ma H L. On the microtype of "food engineering bionics", in potentiality of agricultural engineering in rural development［M］. Beijing International Academic Publisher, 1989.

［9］马海乐. 再论 "仿生食品工程学" 的建立, 见发展中的农业工程［M］. 北京: 知识出版社. 1991.

［10］曾广植. 味觉的分子识别［M］. 北京: 科学出版社, 1984.

［11］Lindemann B, Ogwara Y, Ninomiya Y. The diswrery of unami［J］. Chemistry Senses, 2002, 27（9）: 843-844.

［12］Hiji Y, Ito H. Removal of "sweetness" by proteases and its recovery mechanism in rat taste cells［J］. Comparative Biochemistry and Physiology Part A: Physiology, 1977, 58（1）: 109-113.

［13］Philip R Z, Robert H. C. Biochemical studies of taste sensation—VIII. Partial characterization of ala-nine-binding taste receptor sites of catfish Ictalurus punctatus using mercurials, sulfhydryl reagents, trypsin and phospholipase C［J］. Comparative Biochemistry and Physiology Part B: Comparative Biochemistry, 1979, 64（2）: 141–147.

［14］张洪渊. 味觉的化学［J］. 生物学通报, 1990, （5）: 18–20.

［15］马海乐. 味觉与味道的仿生测定［J］. 食品工业科技, 1992, （3）: 59–63.

［16］Toko K. Taste sensor［J］. Sensors and Actuators B: Chemical, 2000, 64（1）: 205–215.

［17］GÖPEL W, ZIEGLER C, BREER H, et al. Bioelectronic noses: a status report part I［J］. Biosensors and Bioelectronics, 1998, 13（3）: 479–493.

［18］王平, 庄柳静, 秦臻. 仿生嗅觉和味觉传感技术的研究进展［J］. 中国科学院院刊, 2017, 32（12）: 1313–1321.

［19］Song H S, Jin H J, Ahn S R, et al. Bioelectronic tongue using heterodimeric human taste receptor for the discrimination of sweeteners with human–like performance［J］. ACS Nano, 2014, 8（10）: 9781–9789.

［20］Wu C, Du L, Zou L, et al. A biomimetic bitter receptor–based biosensor with high efficiency immobilization and purification using self–assembled aptamers［J］. Analyst, 2013, 138（20）: 5989–5994.

［21］吴春生, 王丽江, 刘清君, 等. 嗅觉传导机理及仿生嗅觉传感器的研究进展［J］. 科学通报, 2007, 52（12）: 1362–1371.

［22］Liu Q, Cai H, Xu Y, et al. Olfactory cell–based biosensor: a first step towards a neurochip of bioelectronic nose［J］. Biosensors and Bioelectronics, 2006, 22（2）: 318–322.

［23］秦臻, 董琪, 胡靓. 仿生嗅觉与味觉传感技术及其应用的研究进展［J］. 中国生物医学工程学报, 2014, 33（5）: 609–619.

［24］Liu Q, Ye W, Xiao L, et al. Extracellular potentials recording in intact olfactory epithelium by microelectrode array for a bioelectronic nose［J］. Biosensors and Bioelectronics, 2010, 25（10）: 2212–2217.

［25］Zhang F, Zhang Q, Zhang D, et al. Biosensor analysis of natural and artificial sweeteners in intact taste epithelium［J］. Biosensors and Bioelectronics, 2014, 54: 385–392.

［26］Liu Q, Zhang F, Zhang D, et al. Extracellular potentials recording in intact taste epithelium by microelectrode array for a taste sensor［J］. Biosensors and Bioelectronics, 2013, 43（2）: 186–192.

［27］Zhang D, Zhang F, Zhang Q, et al. Umami evaluation in taste epithelium on microelectrode array by extracellular electrophysiological recording［J］. Biochemical and Biophysical Research Communications, 2013, 438（2）: 334–339.

［28］Qin Z, Zhang B, Hu L, et al. A novel bioelectronic tongue in vivo for highly sensitive bitterness detection with brain–machine interface［J］. Biosensors and Bioelectronics, 2016, 78: 374–380.

［29］Qin Z, Zhang B, Gao K, et al. A whole animal–based biosensor for fast detection of bitter compounds using extracellular potentials in rat gustatory cortex［J］. Sensors and Actuators B: Chemical, 2017, 239: 746–753.

［30］郭奇珍, 陈明德. 仿生化学［M］. 北京: 化学工业出版社, 1990.

［31］Hayashi K, Yamanaka M, Toko K, et al. Multichannel taste sensor using lipid membranes［J］. Sensors and Actuators B: Chemical, 1990, 2（3）: 205–213.

［32］毛羽扬. 影响味觉的几种因素［J］. 食品科学, 1989, （10）: 27–30.

［33］黄梅丽. 食品香味化学［M］. 北京: 轻工业出版社, 1974.

［34］陈淑凤. 嗅觉生理简介［J］. 生物学通报, 1990, （4）, 18–21.

［35］马祖礼. 生物与仿生［M］. 天津: 天津科学技术出版社, 1984.

［36］Persaud K, Dodd G. Analysis of discrimination mechanisms in the mammalian olfactory system using a model nose［J］. Nature, 1982, 299（5881）: 352–355.

［37］Wu T Z. A piezoelectric biosensor as an olfactory receptor for odour detection: electronic nose［J］. Biosensors and Bioelectronics, 1999, 14（1）: 9–18.

［38］Liu Q, Wu C, CAI H, et al. Cell-based biosensors and their application in biomedicine ［J］. Chemical Reviews, 2014, 114（12）: 6423-6461.

［39］Wu C, Du L, Wang D, et al. A biomimetic olfactory-based biosensor with high efficiency immobilization of molecular detectors ［J］. Biosensors and Bioelectronics, 2012, 31（1）: 44-48.

［40］Lu Y, Li H, Zhuang S, et al. Olfactory biosensor using odorant-binding proteins from honeybee: Ligands of floral odors and pheromones detection by electrochemical impedance ［J］. Sensors and Actuators B: Chemical, 2014, 193（3）: 420-427.

［41］Wu C, Chen P, Yu H, et al. A novel biomimetic olfactory-based biosensor for single olfactory sensory neuron monitoring ［J］. Biosensors and Bioelectronics, 2009, 24（5）: 1498-1502.

［42］Zhang W, Li Y, Liu Q, et al. A novel experimental research based on taste cell chips for taste transduction mechanism ［J］. Sensors and Actuators B: Chemical, 2008, 131（1）: 24-28.

［43］Schütz S, Schning M J, Schroth P, et al. An insect-based BioFET as a bioelectronic nose ［J］. Sensors and Actuators B: Chemical, 2000, 65（1）: 291-295.

［44］Chen P, Liu X, Wang B, et al. A biomimetic taste receptor cell-based biosensor for electrophysiology recording and acidic sensation ［J］. Sensors and Actuators B: Chemical, 2009, 139（2）: 576-583.

［45］Huotari M J. Biosensing by insect olfactory receptor neurons ［J］. Sensors and Actuators B: Chemical, 2000, 71（3）: 212-222.

［46］Misawa N, Mitsuno H, Kanzaki R, et al. Highly sensitive and selective odorant sensor using living cells expressing insect olfactory receptors ［J］. Proceedings of the National Academy of Sciences, 2010, 107（35）: 15340-15344.

［47］Liu Q, Hu N, Ye W, et al. Extracellular recording of spatiotemporal patterning in response to odors in the olfactory epithelium by microelectrode arrays ［J］. Biosensors and Bioelectronics, 2011, 27（1）: 12-17.

［48］陈庆梅, 董琪, 胡靓, 等. 基于微电极阵列的离体嗅球振荡信号识别 ［J］. 科学通报, 2013, 58（19）: 1851-1854.

［49］Chen Q M, Dong Q, Hu L, et al. Discrimination of signal oscillations in the in vitro olfactory bulb with microelectrode array ［J］. Chinese Science Bulletin, 2013, 58（24）: 3015-3018.

［50］Du L, Wu C, Peng H, et al. Piezoelectric olfactory receptor biosensor prepared by aptamer-assisted immobilization ［J］. Sensors and Actuators B: Chemical, 2013, 187: 481-487.

［51］Wu C, Du L, Wang D, et al. A novel surface acoustic wave-based biosensor for highly sensitive functional assays of olfactory receptors ［J］. Biochemical and Biophysical Research Communications, 2011, 407（1）: 18-22.

［52］Zhuang L, Hu N, Dong Q, et al. A high sensitive in vivo biosensing detection for odors by multiunit in rat olfactory bulb ［J］. Sensors and Actuators B: Chemical, 2013, 186（9）: 308-314.

［53］Zhuang L, Guo T, Cao D, et al. Detection and classification of natural odors with an in vivo bioelectronic nose ［J］. Biosensors and Bioelectronics, 2015, 67: 694-699.

［54］马和中. 生物力学导论 ［M］. 北京: 北京航空学院出版社, 1986.

［55］Christian M, Soeren S, Klaus L, et al. Wear of composite resin veneering materials and enamel in a chewing simulator ［J］. Dental Materials, 2007, 23（11）: 1382-1389.

［56］Xu W L, Bronlund J E, Pogietr J, et al. Review of the human masticatory system and masticator robo-icst ［J］. Mechanism and Machine Theory, 2008, 43（11）: 1353-1375.

［57］Salles C, Tarreg A A, Mielle P, et al. Development of a chewing simulator for food breakdown and the analysis of in vitro flavor compound release in a mouth environment ［J］. Journal of Food Engineering, 2007, 82（2）: 189-198.

［58］Woda A, Dutour A M, Batier O, et al. Development and validation of a mastication simulator ［J］.

Journal of Biomechanics, 2010, 43（9）: 1667–1673.

［59］Pauline P, Gaele A, Joele G P, et al. Use of an artificial mouth to study bread aroma［J］. Food Research International, 2009, 42（5–6）: 717–726.

［60］孙钟雷, 孙永海, 万鹏, 等. 仿生咀嚼装置设计与试验［J］. 农业机械学报, 2011, 42（8）: 214–218.

［61］孙钟雷, 孙永海, 方旭君, 等. 仿齿冠压头破碎物料试验及模拟［J］. 吉林大学学报, 2011, 41（增2）: 236–240.

［62］孙钟雷, 孙永海, 李宇, 等. 基于仿齿压头的物料脆裂力学模型建立及验证［J］. 吉林大学学报（工学版）, 2012, 42（2）: 510–514.

［63］马莉. 牙齿齿面模拟及磨损分析［D］. 南京: 南京理工大学, 2003.

［64］Mitsuru T, Takanori H, Naoki S. Device for acoustic measurement of food texture using a piezoelectric sensor［J］. Food Research International, 2006, 39（10）: 1099–1105.

［65］Behic M, David G, Osvaldo H, et al. A new method to determine viscoelastic properties of corn grits during cooking and drying［J］. Journal of Cereal Science, 2007, 46（1）: 32–38.

［66］陈纯, 汪琳, 周骥. 新型食品质构仪的研制［J］. 农业机械学报, 2001, 32（1）: 69–71.

［67］张佳程, 刘爱萍, 晋艳曦. 食品质地学［M］. 北京: 中国轻工业出版社, 2010.

［68］孙钟雷, 孙永海, 李宇, 等. 仿生食品质构仪设计与试验［J］, 农业机械学报, 2012, 43（1）: 230–234.

［69］王海涛, 罗秋凤, 周必方, 等. 压电薄膜力传感器及其牙咬力的测量应用研究［J］. 仪器仪表学报, 2001, 22（增刊2）: 51–52.

［70］Taniwaki M, Kohyama K. Mechanical and acoustic evaluation of potato chip crispness using a versatile texture analyzer［J］. Journal of Food Engineering, 2012, 112（4）: 268–273.

［71］Taniwaki M, Hanada T, Sakurai N. Device for acoustic measurement of food texture using a piezoelectric sensor［J］. Food Research International, 2006, 39（10）: 1099–1105.

［72］Wodaa A, Mishellany–Dutour A, Batier L, et al. Development and validation of a mastication simulator［J］. Journal of Biomechanics, 2010, 43（19）: 1667–1673.

［73］Taniwaki M, SAKURAI N, KATO H. Texture measurement of potato chips using a novel analysis technique for acoustic vibration measurements［J］. Food Research International, 2010, 43（3）: 814–818.

［74］TANIWAKI M, TOHRO M, SAKURAI N. Measurement of ripening speed and determination of the optimum ripeness of melons by a nondestructive acoustic vibration method［J］. Post Harvest Biology and Technology, 2010, 56（1）: 101–103.

［75］DEMATTÈ M L, POJER N, ENDRIZZI I, et al. Effects of the sound of the bite on apple perceived crispness and hardness［J］. Food Quality and Preference, 2014, 38: 58–64.

［76］孙钟雷, 许艺, 彭怡梅, 等. 基于仿生技术的榨菜脆性检测方法研究［J］. 现代食品科技, 2016, 32（7）: 217–219.

［77］MOHSENIN N N, Physical Properties of Mant and Ammal Materials［M］. Gordon and Breach Science Publisher, 1970.

［78］赵学笃. 农业物料学［J］. 北京: 机械工业出版社, 1987.

第三章

食品仿生预加工技术

第一节　人体对食物预加工的过程

　　食物在进入消化道消化之前，先要经过口腔的加工，为其在胃肠中高效率的消化做好准备。食物先经过牙齿的咀嚼，被碎化加工，再经过唾液中溶菌酶进行杀菌处理，唾液淀粉酶可使食物中的淀粉分解成为麦芽糖[1]。而除了人体之外的其他动物，也都有着不同方式的对食物的预加工环节。研究自然界的这些预加工环节，对于食物的预加工有着重要的借鉴价值。

　　食物的口腔加工主要包含咀嚼和酶解两个过程。

一、食物的口腔咀嚼加工过程

　　陈建设等[2]国内外诸多学者为了解决老年人因为咀嚼能力和吞咽能力弱化导致饮食障碍的问题，对食物的口腔加工进行了深入的研究。

　　食物的口腔加工过程大致可以分为四个阶段。

　　（1）运输阶段　食物从体外被摄入到口腔中。如果需要碎化加工，那么食物会被移动到牙齿间，进入咀嚼阶段。

　　（2）食物的咀嚼阶段　在这个阶段，一方面牙齿咀嚼可加工固体、半固体食物，减小食物的颗粒大小以方便食物形成食团；另一方面，通过舌头的移动，食物的颗粒会被唾液润滑形成一个黏合在一起的食团，以便于吞咽。不同食物所需要被咀嚼的次数不同，主要受食物质构性质的影响。

　　（3）食团的形成阶段　在食物被咀嚼的过程中，食物颗粒被运输到口腔的后部（第2运输阶段）形成食团，食物咀嚼和第2运输阶段可同时进行。

　　（4）触发吞咽阶段　在这个阶段，当食团达到合适的流变学特性时，大脑会发出吞咽指令触发吞咽。整个过程已被Lucas等[3]用一个很形象的流程图来描述（图3-1）。

二、食物的口腔酶解加工过程

　　唾液是由三大唾液腺（下颌腺、腮腺和舌下腺）分泌的液体和口腔壁上许多小黏液腺分泌的黏液组成。人的唾液中99%是水，有机物主要有唾液淀粉酶、溶菌酶及黏多糖、黏蛋白等，无机物有钠、钾、钙、氯和硫氰离子等[1]。

　　唾液淀粉酶可以催化淀粉水解为麦芽糖，最适pH在中性范围内，唾液中的氯盐和硫氰酸盐对唾液淀粉酶有激活作用。当食物进入胃后，唾液淀粉酶还可继续发挥作用，直至胃内容物变为pH 4.3~4.8的酸性物质[1]。

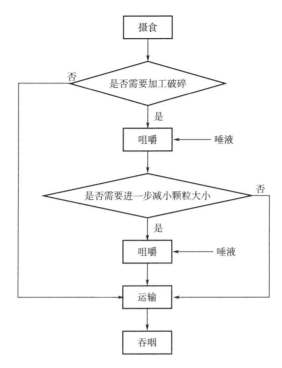

图 3-1　口腔加工流程图[3]（方块为口腔动作；菱形为大脑决定过程）

人体免疫依靠的是人体的三道防线：第一道防线是皮肤和黏膜，它们不仅能阻挡病原体侵入人体，而且它们的分泌物还有杀菌作用；第二道防线是体液中的杀菌物质和吞噬细胞，体液中含有的一些溶菌酶等杀菌物质能破坏多种病菌的细胞壁，使病菌溶解而死亡，而吞噬细胞能吞噬和消灭侵入人体的各种病原体；人体的第三道防线由免疫器官和免疫细胞（主要是淋巴细胞）组成，当病原体进入人体后，会刺激淋巴细胞产生抗体，帮助人体清除或杀灭进入人体的病原体，当疾病痊愈后，抗体仍存留在人体内。因此，溶菌酶在人体免疫系统中发挥着重要的作用[1]。

第二节　食物的仿生预加工技术

在食品工业中，类似于口腔加工的碎化、杀菌和预酶解等预处理操作占有非常大的比例。目前，粉碎、杀菌和预酶解分别在各自的生产车间进行，而且各自的车间都需要复杂的生产系统去实现。与此不同的是，口腔仅仅几厘米的长度，可将食物的碎化、杀菌和预酶解同步进行，不同工序在1min以内完成[1]。因此，进行碎化、杀菌和预酶解的同釜耦合仿生，应该成为食物酶解加工之前预处理的最高水平，应该成为今后食物预加工理论研究与仿生设计最重要的发展方向。目前已经有不少对食物咀嚼、杀菌和预酶解各自仿生的研究开展。

一、对食物咀嚼碎化过程的仿生设计

食物在口腔中被咀嚼碎化是一个非常复杂的过程，分为切牙的切分和磨牙的咀嚼两个步骤。切分又分为对质地指标的初步判断及切牙分块时切入力量程的自动选择、试切分和调整量程后重新切分三个步骤。

目前，对于食物咀嚼过程进行仿生设计的主要目的集中在对食品质地的评价检测上。例如，W.L. Xu等于2008年发表了咀嚼模拟装置设计研究[4]；孙钟雷等于2011年发表了仿生咀嚼装置的设计[5]，之后还设计制作了由仿生咀嚼装置、仿牙周膜压力传感器、仿耳膜声音传感器和测试软件等组成的仿生脆性检测系统，并用于榨菜脆性检测[6]。这部分内容主要在第二章中进行了分析。

口腔对食物咀嚼时的研磨、碎化貌似一种相对简单的作业，尚未引起太多学者关注，因此纯粹源于食品研磨，而非食品评价检测的食物咀嚼仿生设计鲜见报道。从切牙对食品切分的三个步骤就可以看出其智能化水平非常高，可以通过目测、手摸等方式对食物硬度等参数进行初步判断并选择切分的速度，随后进行试切分并进一步调整研切分速度，最终再完成切分。目前的碎化（切制、粉碎）装备至少没有试工作这一环节，而是直接以一个固定的速度进行碎化，显然在能耗、降低刀具磨具的损耗上无法获得一个最佳的结果。

二、溶菌酶及其在现代食品工业中的应用

溶菌酶作为一种具有酶特性的阳离子碱性蛋白，主要来源于吞噬细胞。其具有溶解、吞噬和消灭病原体的作用，对多种病原体有免疫作用，属于非特异性免疫，是机体固有免疫的重要组成部分[1]。

溶菌酶（lysozyme）又称N-乙酰胞壁质聚糖水解酶（N-acetylmuramide glycanohydrlase），是一种能水解致病菌中黏多糖的碱性酶（图3-2）。溶菌酶主要通过破坏细胞壁中N-乙酰胞壁酸和N-乙酰氨基葡糖之间的$\beta-1$，4糖苷键，使细胞壁不溶性黏多糖分解成可溶性糖肽，导致细胞壁破裂、内容物逸出，从而使细菌溶解[7]。分子质量为1.4ku左右，pI为11.0~11.35，最适pH6.5。在酸性介质中可稳定存在，在碱性介质中易失活；96℃、pH 3条件下，15min后活力保持87%。

溶菌酶广泛存在于人体多种组织中，鸟类和家禽的蛋清、哺乳动物的泪、唾液、血浆、尿、乳汁等体液以及微生物中也含此酶，其中以鸡蛋清中含量最为丰富。从鸡蛋清中提取的溶菌酶含有18种氨基酸，是由129个氨基酸残基构成的单一肽链。它富含碱性氨基酸，有4对二硫键维持酶构型，是一种碱性蛋白质，其N端为赖氨酸，C端为亮氨酸，可分解溶壁微球菌（*Micrococcus lysodeikticus*）、巨大芽孢杆菌（*Bacillus megateriumde*）、黄色八叠球菌（*Sporosarcina luteda*）等革兰阳性菌。因此，目前的商业化溶菌酶不少提取于鸡蛋清。

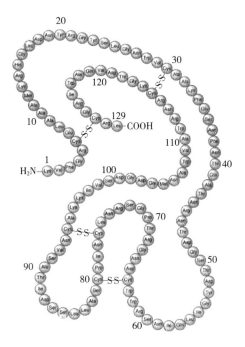

图3-2　溶菌酶的分子结构

唾液溶菌酶作为人体免疫系统的第二道防线，在溶解、吞噬和消灭病原体方面的优异功能。在发展现代食品工业时，人们为了学习和利用自然界溶菌酶这种优异的功能，开始了对溶菌酶生产与利用技术的研究。关于溶菌酶的生产，主要采用生物工程技术，模仿溶菌酶的分子结构特征进行克隆、提取而制取，也有不少直接从蛋清中提取。目前溶菌酶已经作为一种商业化产品，完全可以进行规模化生产。

目前，溶菌酶在现代食品工业中也得到了广泛的应用，列举如下[8]。

（1）在乳制品中的应用　溶菌酶是一种非特异性免疫因子，人乳中溶菌酶的含量约是牛乳中的3000倍，将溶菌酶添加到乳粉中，可使牛乳人乳化。据报道，溶菌酶对肠道中的腐败微生物有杀灭作用，能促进婴儿肠道内双歧杆菌（*Bifidobacterium*）增殖，促进人工喂养婴儿肠道菌群的正常化，还能增强机体对感染的抵抗力，对早产婴儿有预防消化器官疾病和体重减轻的作用，因此是配方乳粉及婴儿食品等的良好添加剂。同时，溶菌酶还可以延长巴乐杀菌乳的货架期，防止干酪加工中后期的起泡和风味变差。

（2）在肉制品中的应用　溶菌酶对于控制冷鲜肉细菌总数的增殖、减缓TVB-N值的上升具有明显效果，对水产类制品具有保鲜和防腐的效果。

（3）在果蔬产品中的应用　溶菌酶对豆豉和四川泡菜等对热敏感的发酵食品具有防腐抑菌作用，可有效抑制发酵食品发生褐变，维持原有色泽，还可极明显地减少食盐用量，降低泡菜和豆瓣的咸味，提高产品风味。

（4）在保健食品中的应用　溶菌酶具有一定的保健作用，有抗感染和增强抗生素作用，可促进血液凝固及止血，促进组织再生和瘢痕形成，因此可以将溶菌酶应用在保健食品中。

（5）在食品包装材料中的应用 目前有关溶菌酶在包装材料上应用的理论研究较多，即将溶菌酶固定在食品包装材料上，生产出有抗菌功效的食品包装材料，以延长食品货架期。

人溶菌酶通常是从人乳或胎盘中少量提取，因来源困难，提取方法复杂，因此不能进行大规模工业化生产。采用基因工程技术，从细菌或酵母中生产人溶菌酶是解决其供需矛盾的主要途径。人溶菌酶参与机体的防御机制，有抗感染、抗肿瘤和免疫调节的作用，具有潜在的临床应用价值，通过基因工程技术生产人溶菌酶可较大程度地降低成本，推动其在医药业、食品工业、畜牧业等领域中的应用。

三、唾液淀粉酶及其在现代食品工业中的应用

唾液淀粉酶（salivary amylase，图3-3）是由唾液腺分泌的一种水解酶，是作用于可溶性淀粉、直链淀粉、糖原等α-1,4-葡聚糖，水解α-1,4-糖苷键的酶，属于α-淀粉酶的一种。

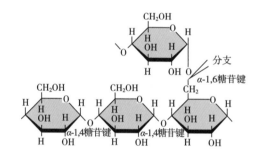

图3-3 唾液淀粉酶的分子结构

α-淀粉酶最早在1811年由Kirchhoff发现，它广泛分布于动物（唾液、胰脏等）、植物（麦芽、山药菜）及微生物中。α-淀粉酶以Ca^{2+}为必需因子及稳定因子，既作用于直链淀粉，亦作用于支链淀粉，无差别地切断α-1,4糖苷键。因此，其特征是引起底物溶液黏度的急剧下降和碘反应的消失，最终产物在分解直链淀粉时以麦芽糖为主，还有麦芽三糖及少量葡萄糖；在分解支链淀粉时，除麦芽糖、葡萄糖外，还生成分支部分具有α-1,6糖苷键的α-极限糊精。食物进入口腔之后，食物中的淀粉在唾液淀粉酶的催化下被水解为麦芽糖等易消化的小分子物质，为食物进入胃肠之后高效率的消化发挥了重要的作用。

人们为了在发展食品工业时，能够学习利用唾液淀粉酶在降解食物中淀粉方面的优异功能，开始了工业生产α-淀粉酶和淀粉酶解技术的研究工作。工业上生产α-淀粉酶的主要方法是微生物液体发酵法[9]，发酵菌株主要来源于真菌和细菌，如米曲霉（*Aspergillus oryzae*）、枯草杆菌（*Bacillus subtilis*）、地衣芽孢杆菌（*Bacillus licheniformis*）等[10]。目前α-淀粉酶的工业化生产技术已经成熟，α-淀粉酶也已经被广泛应用于淀粉制糖、酒精酿

造、食品焙烤，以及纺织和医药等工业[11-12]，在食品和相关工业中具有重要的地位。

四、食物预分解的仿生设计

由于身体的原因，或者随着年龄的增长，许多食物在被食用之后，人体会出现消化困难的问题。比较典型案例就是牛乳中乳糖的消化问题，有不少人因为体内缺乏乳糖酶，导致喝了牛乳后因为乳糖不能被消化而出现消化紊乱。为此，模拟人体消化过程，在体外预先用乳糖酶将牛乳中的乳糖分解，可制成低乳糖乳制品。

按照这一原理，对于一些因为分子结构特殊或者受到极端条件作用而产生严重变性、直接食用难以被消化的蛋白质，可以在体外进行预消化处理，即经过适度的蛋白质酶解，提高其在体内的消化利用度。玉米蛋白因疏水性氨基酸含量较高，溶解度差；菜籽粕蛋白因为榨油时高温挤压导致变性严重，溶解度也很差。著者课题组以玉米蛋白和菜籽粕蛋白为原料，通过体外模拟消化试验和动物验证试验，研究了水解度对玉米蛋白和菜籽粕蛋白消化利用度的影响[13-15]。以玉米蛋白预分解技术的研究为例，介绍如下。

酶解中蛋白质的水解度代表了蛋白质预分解的程度。水解度对大鼠体重增量、玉米蛋白功效比和净蛋白比的影响如表3-1所示，水解度对大鼠代谢粪氮总量、尿氮总量和尿氮指数的影响如表3-2所示。

表3-1　水解度对大鼠体重增量、玉米蛋白功效比和净蛋白比的影响

原料	蛋白质摄入量/g	体重增量/g	功效比	净蛋白比
未酶解玉米蛋白	14.74 ± 2.65^b	9.5 ± 1.2^e	0.65 ± 0.09^d	1.43 ± 0.24^d
水解度5%的玉米蛋白	14.67 ± 1.26^b	12.3 ± 1.8^{cd}	0.84 ± 0.10^c	1.59 ± 0.11^{cd}
水解度10%的玉米蛋白	15.02 ± 2.14^b	13.8 ± 1.8^{cd}	0.92 ± 0.10^c	1.67 ± 0.15^c
水解度15%的玉米蛋白	16.51 ± 2.71^{ab}	14.7 ± 1.4^c	0.91 ± 0.15^c	1.59 ± 0.24^{cd}
水解度20%的玉米蛋白	17.19 ± 2.64^a	14.1 ± 3.0^{cd}	0.82 ± 0.09^c	1.47 ± 0.10^{cd}
水解度25%的玉米蛋白	15.22 ± 1.82^b	12.1 ± 1.9^d	0.80 ± 0.12^{cd}	1.53 ± 0.15^{cd}

注：同一列不同上标字母表示组间有显著性差异（$P<0.05$），标有相同上标字母表示组间无显著性差异（$P \geqslant 0.05$）。

如表3-1所示，不同程度酶解的玉米蛋白能够影响大鼠的食欲，进而影响大鼠对蛋白质的摄入量，水解度为15%和20%组的大鼠摄入的蛋白质更多。蛋白质摄入量的差异可能与饲料的风味、质地以及蛋白质种类有关。就大鼠的体重增量而言，与喂食玉米蛋白的大鼠相比，当水解度为15%时，大鼠体重的增加幅度是最大的。

功效比（体重增加量/蛋白质摄入量）是评价蛋白质营养价值的一个重要指标，它与食物的摄入量密切相关，能反映出蛋白质的利用效率。从表3-1中可以看出，适度酶解玉米蛋白的功效比都得到显著性提高（$P<0.05$），为未酶解玉米蛋白的1.23～1.42倍，水解度为10%和15%的玉米蛋白的功效比达到最大值。

净蛋白比［（体重增加量+无氮组体重平均减少量）/蛋白摄入量］是在功效比的基础上进行校正的，它考虑到了喂食无氮饲料的大鼠体重减轻的情况。从表3-1中可以看出，就玉米适度酶解物而言，其净蛋白比与功效比变化的基本趋势是一致的，即：随着水解度的增加，净蛋白比与功效比先增大后减小。与未酶解玉米蛋白相比，水解度为10%的玉米蛋白的净蛋白比显著增加（$P<0.05$），从1.43 ± 0.24增加到1.67 ± 0.15，之后开始下降。

对于排尿动物而言，蛋白质代谢的终产物主要以尿素的形式随尿液排泄出来，粪便只占很少一部分。尿氮指数（尿液中氮含量占氮摄入总量的百分数）在某种程度上可以反映氨基酸的利用情况，从表3-2中可以看出，随着水解度的增加，生物体内的尿素合成量先增加后减小。当水解度为10%时，尿氮指数达到最大值，表明适度酶解使玉米蛋白的吸收量得到了显著提高，但此水解度下玉米蛋白的生物利用度未体现在体重增加、功效比、生物价和净蛋白利用率这些指标上。从尿氮指数这一指标出发，水解度为10%的适度酶解玉米蛋白的生物利用度最高。但结合其他指标考虑，综合选择水解度为15%的适度酶解玉米蛋白能较好地反映玉米蛋白的生物利用度。

综上所述，对玉米蛋白进行一个水解度为10%~15%的预酶解，能显著提高玉米蛋白的体内消化生物利用度。

表3-2　水解度对大鼠代谢粪氮总量、尿氮总量和尿氮指数的影响

蛋白质源	粪氮总量/g	尿氮总量/g	尿氮指数/%
未酶解玉米蛋白	1.42 ± 0.17[c]	5.76 ± 0.43[b]	40.24 ± 7.69[ab]
水解度5%玉米蛋白	1.74 ± 0.16[b]	6.07 ± 0.39[ab]	41.50 ± 2.82[a]
水解度10%玉米蛋白	1.78 ± 0.20[b]	6.26 ± 0.57[ab]	42.16 ± 4.94[a]
水解度15%玉米蛋白	1.77 ± 0.18[b]	6.11 ± 0.59[ab]	37.72 ± 5.86[ab]
水解度20%玉米蛋白	1.74 ± 0.22[b]	6.07 ± 0.79[ab]	35.50 ± 2.90[b]
水解度25%玉米蛋白	2.06 ± 0.29[a]	6.41 ± 0.50[a]	42.63 ± 6.33[a]

注：（1）表中的粪氮总量和尿氮总量是指对单只试验大鼠在试验期间分别收集其粪便和尿液进行含氮量检测获得的数据。

（2）同一列不同上标字母表示组间有显著性差异（$P<0.05$），标有相同上标字母表示组间无显著性差异（$P \geqslant 0.05$）。

　　食物的预处理在提高其生物利用度的同时，会不会影响其活性的变化？本书作者团队对羊奶粉进行水解度为8%的预酶解，并利用预酶解产物对原发性高血压大鼠进行为期4周的灌胃试验[16]。研究结果表明，羊奶粉预酶解产物使老鼠舒张压的最大降幅比原羊奶粉提高了42.12%，收缩压的最大降幅比原羊奶粉提高了36.46%。

　　由此看来，模拟体内消化的预酶解，不仅对于提高难消化蛋白质的生物利用度有重要的价值，还可以提高蛋白质降血压、降胆固醇、抗氧化等生理活性，显著改善食物的功能特性。

参考文献

［1］范少光，汤浩. 人体生理学［M］. 北京：北京医科大学出版社，2006.

［2］陈建设，吕治宏. 老年饮食障碍与老年食品：食品工业的挑战与机遇［J］. 食品科学. 2015，36（21）：310-315.

［3］Lucas P W，Prinz J F，Agrawal K R，et al. Food physics and oral physiology［J］. Food Quality and Preference，2002，13（4）：203-213.

［4］Xu W L，Bronlund J E，Pogietr J，et al. Review of the human masticatory system and masticator roboicst［J］. Mechanism and Machine Theory，2008，43（11）：1353-1375.

［5］孙钟雷，孙永海，万鹏，等. 仿生咀嚼装置设计与试验［J］. 农业机械学报，2011，42（8）：214-218.

［6］孙钟雷，孙永海，李宇，等. 基于仿齿压头的物料脆裂力学模型建立及验证［J］，吉林大学学报（工学版），2012，42（2）：510-514.

［7］Callewaert L，Michiels C W. Lysozymes in the animal kingdom［J］. Journal of Biosciences，2010，35（1）：127-160.

［8］范林林，林楠，冯叙桥，等. 溶菌酶及其在食品工业中的应用［J］. 食品与发酵工业. 2015，41（3）：248-253.

［9］王绍辉，崔志峰. α-淀粉酶发酵生产影响因素的研究进展［J］. 食品工业科技，2011，（3）：456-458.

［10］Pandey A，Nigam P，Soccol C，et al. Advances in microbial amylase［J］. Biotechnology and Applied Biochemistry，2000，31：135-152.

［11］Marc C，Maarel V，Veen B，et al. Properties and applications of starch-converting enzyme of the α-amylase family［J］. Journal of Biotechnology，2002，94：137-155.

［12］Reddy N，Nimmagadda A，Rao K，et al. An overview of the microbial α-amylase family［J］. African Journal of Biotechnology，2003（2）：645-648.

［13］罗敏. 菜籽多肽超声辅助酶法制备技术及其生物利用度研究［D］，江苏大学硕士学位论文，2014.

［14］金建. 基于计算机模拟与超声辅助酶法制备高生物利用度玉米蛋白的研究［D］，江苏大学博士学位论文，2015.

［15］王洋. 超声预处理酶解制备高生物利用度玉米蛋白及其过程近红外光谱原位实时监测［D］，江苏大学博士学位论文，2020.

［16］田维杰. 羊奶大分子ACE抑制肽酶膜耦合反应制备技术研究［D］，江苏大学硕士学位论文，2021.

第四章

食品仿生分解技术

第一节 动植物对食物的消化分解过程

动物对食物的消化分解过程非常精致而复杂，不同的动物对食物的消化分解又有很大的区别。此外，一些植物也有类似于动物的消化功能。

一、人体的消化系统

我们日常所吃的食物中的营养成分主要包括碳水化合物、蛋白质、脂肪、维生素、矿物质和水，除了维生素、矿物质和水可被直接吸收外，蛋白质、脂肪和碳水化合物都是复杂的大分子有机物，均不能被直接吸收，必须先在消化道内分解成结构简单的小分子物质后才能通过消化道黏膜进入血液，送到身体各处供组织细胞利用[1]。

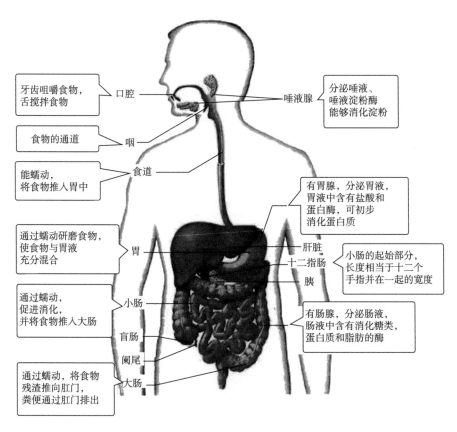

图4-1 人体消化系统

消化又包括机械性消化和化学性消化（图4-1）。机械性消化是通过消化管壁肌肉的收缩活动，将食物磨碎，使食物与消化液充分混合，并使消化了的食物成分与消化管壁紧密接触而便于吸收，并将不能被消化的食物残渣由消化道末端排出体外。化学性消化是消化腺分泌的消化液对食物进行化学分解，使之成为可被吸收的小分子物质的过程。在正常情况下，机械性消化和化学性消化是同时进行、互相配合的。

　　人体共有5个消化腺[1]，分别为：唾液腺（分泌唾液，唾液淀粉酶将淀粉初步分解成麦芽糖）、胃腺（分泌胃液，将蛋白质初步分解成多肽）、肝脏（分泌胆汁储存在胆囊中，将大分子的脂肪初步分解成小分子的脂肪）、胰脏（分泌胰液，胰液是对糖类、脂肪、蛋白质都有消化作用的消化液）、肠腺（分泌肠液，将麦芽糖分解成葡萄糖，将多肽分解成氨基酸，将小分子的脂肪分解成甘油和脂肪酸，也是对糖类、脂肪、蛋白质有消化作用的消化液）。

二、反刍动物的消化系统

　　瘤胃是反刍动物的第一个胃。瘤胃是迄今已知的降解纤维物质能力最强的天然发酵罐，内部食糜分三层（气层、致密层与液体层），反刍时，食糜被逆呕至口腔进行重新咀嚼。瘤胃位于腹腔左侧，几乎占据整个左侧腹腔，食糜经贲门进入，消化后进入瘤网胃口进入网胃（图4-2）[2]。

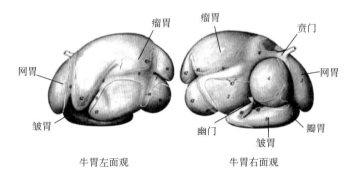

图4-2　牛的瘤胃构成

　　根据瘤胃内容物的形态，可将其分为固相和液相两部分。反刍动物不断地采食饲料和饮水，食物在瘤胃中发酵后又不断地流入后部消化道，稀释率和外流速度是重要的指标，受饲料的种类、肠道消化液和瘤胃消化液渗透压影响，又影响着挥发性脂肪酸、氨态氮、pH和微生物蛋白质的合成效率。

　　瘤胃微生物包括细菌、产甲烷菌、真菌与原虫，还有少数噬菌体。瘤胃微生物对饲料的发酵是导致反刍动物与非反刍动物消化代谢特点不同的根本原因。这是瘤胃与微生物相互选择的结果。瘤胃中的细菌包括纤维降解菌、淀粉降解菌、半纤维降解菌、蛋白质降解菌、脂肪降解菌、酸利用菌、乳酸产生菌和其他菌，每克瘤胃内容物含有150亿~250亿个细菌。原虫主要为纤毛虫与鞭毛虫，每克瘤胃内容物含有60万~100万只纤毛虫。消化代谢活动由细菌和原虫二者共同或协同完成，且以细菌为主。

反刍动物在采食和反刍的过程中，可以分泌大量的弱碱性唾液，流入瘤胃，作为很好的缓冲剂，中和碳水化合物发酵产生大量的挥发性脂肪酸。瘤胃上皮可以有效地吸收Na^+、K^+、Cl^-等离子，且对挥发性脂肪酸的吸收量可达75%，吸收速度顺序为丁酸>丙酸>乙酸，在调控瘤胃内环境方面起着重要作用。

为了利用瘤胃在降解纤维素方面的优势，不少科学家纷纷开始人工瘤胃技术的研究工作。

三、白蚁的消化系统

白蚁是一类古老的社会性昆虫，它们主要以纤维素类物质为食，白蚁也因具备相对完善的植物胞壁降解体系而成为最为高效的生物降解系统之一（图4-3）。

图4-3 白蚁及其对木头的降解

Nakashima等发现[3]，中国台湾乳白蚁工蚁体内有两个独立的纤维素消化系统，一是依赖白蚁自身中肠细胞分泌的纤维素酶，二是依赖后肠共生微生物分泌的纤维素酶。这两个酶系统共同完成了肠腔内纤维素的分解。

后肠是白蚁消化系统中微生物栖息的主要场所，其囊形附器内共生着数量众多的鞭毛虫、纤毛虫、变形虫等单细胞原生动物。原生动物分泌的纤维素酶可帮助白蚁分解和消化食物中的纤维素成分，使其转变为可被吸收利用的营养物质[4, 5]。

白蚁消化系统内除共生微生物分泌纤维素酶外，白蚁自身也能分泌一定量的纤维素酶[6]。白蚁科（Termitidae）是等翅目昆虫中进化最早的一个科，该科多数类群的肠腔内缺乏共生的原生动物。故这类白蚁主要依赖唾液腺或中肠上皮细胞分泌的内源性纤维素酶来完成对纤维素的消化。

白蚁的能量代谢在后肠中完成，能量代谢途径如图4-4所示[7]。研究表明，在北美散白蚁和台湾乳白蚁囊形附器内共生有13种细菌[8]，而澳桉象白蚁（*Nasutitermes exitiosus*）体内的细菌数量则超过27种[9]。这些微生物不仅对寄主无害，相反能在很大程度上改善白蚁的能量代谢与物质循环[10, 11]。研究发现，白蚁体内微生物能明显增强对纤维素的消化作用，使寄主获取足够的营养成分，保持旺盛的生命力[12, 13]。

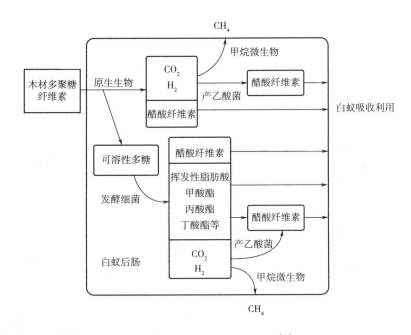

图4-4 白蚁后肠能量代谢途径[7]

目前关于白蚁降解木质纤维素的机制研究已成为科学界的一个热点[14]，今后还应深入了解不同栖息特性白蚁体内纤维素酶的组成特点，全面获取白蚁纤维素酶的基础信息，进一步加强白蚁纤维素酶基因结构的研究，结合生物信息学技术预测相关基因的功能，彻底阐明白蚁利用纤维素的理化途径以及纤维素酶在白蚁体内的分泌机制，为今后构建达到甚至超越自然界生物体系的人工降解体系提供支持。

四、食虫植物的消化系统

食虫植物是一种能通过捕获并消化动物而获得营养（非能量）的自养型植物。食虫植物的大部分猎物为昆虫和节肢动物。食虫植物生长于土壤贫瘠，特别是缺少氮素的地区，如酸性的沼泽和石漠化地区。1875年，查尔斯·达尔文发表了第一篇关于食虫植物的论文。中国食虫植物网较为全面地介绍了食虫植物。

食虫植物完整的食虫过程必须包括吸引、捕捉和消化这三个过程。食虫植物分布于10个科约21个属，有630余种。此外，还有超过300多个属的植物具有捕虫功能，但其不具备消化猎物的能力，只能称之为捕虫植物。某些猪笼草偶尔可以捕食小型哺乳动物或爬行动物，所以食虫植物也被称为食肉植物[15]。

食虫植物能够产生消化酶和吸收分解出的营养素[16]。因此，一般情况下，一种植物能否生成消化酶（蛋白酶、核糖核酸酶、磷酸酯酶等）被作为判断其是否具有食虫性的一个标准。不过这可能没有考虑到太阳瓶子草和眼镜蛇瓶子草。通常认为它们具有食虫性，但它们都依靠共生细菌产生的消化酶来分解猎物。这就与对捕蝇幌食虫性的判断相矛盾。因为与细菌共生分解猎物的太阳瓶子草和眼镜蛇瓶子草可以被视为食虫植物，而与昆虫共生的捕蝇幌只被视为捕虫植物。代表性的食虫植物有猪笼草、捕蝇草、茅膏菜、瓶子草、狸藻等，如图4-5所示。

（1）猪笼草　　　　（2）捕蝇草　　　　（3）茅膏菜

（4）瓶子草　　　　　　　　　（5）狸藻

图4-5　不同种类的食虫植物

猪笼草：全世界有120种以上的猪笼草，原产于印度尼西亚、菲律宾等东南亚国家气候炎热潮湿、地势低洼的地区。猪笼草的形状体态宛如一个诱捕昆虫的陷阱。它的瓶状叶（或花冠）可以捕食小昆虫和蜥蜴。猪笼草的叶片会分泌一种特殊物质，这种物质覆在猪笼草瓶状花冠的内壁上，并与猪笼草根部吸收的水相混合。昆虫或小型动物嗅到混合汁液的气味会前来吸食。当它们落入瓶状花冠中后，就会被困在其中无法逃脱，并最终成为猪笼草的养料。猪笼草利用分泌的盐酸和酶分解猎物，机制类似于人类的胃。

捕蝇草：其叶片上长有许多细小的触角。一旦有物体碰到捕蝇草，叶片会自动收拢并将外来物体包夹于其中。捕蝇草叶片的合拢速度奇快，时间不到1s。捕蝇草分布的地理范围十分狭小，它们仅存在于美国北卡罗来纳州与南卡罗来纳州海岸一片1100多千米长的地区。

茅膏菜：有明显的茎，茎部长有细小的腺毛，腺毛可以产生一种黏性液体。茅膏菜就是利用这种黏性液体来捕捉昆虫的。一旦昆虫被粘上后，茅膏菜的蔓将会合拢将猎物包在其中，并产生一种酶来消化猎物。茅膏菜喜欢生长在水边湿地或湿草甸中，在我国长白山地区广有分布。茅膏菜亦有辅助治疗疮毒、瘰病的功效。

第二节　人工消化系统的仿生设计

动物消化系统在反应性消化的同时，都伴随着机械性消化，加速化学反应的进行。因此，人工消化系统的仿生设计应当分为化学仿生与机械仿生。

化学仿生主要是对消化系统关键酶的合成。从本章第一节可以看出，人及其他高等动物的消化系统主要依靠丰富的蛋白酶、淀粉酶等对食物中的蛋白质、碳水化合物等成分进行分解；瘤胃主要依靠纤维降解菌、淀粉降解菌、半纤维降解菌、蛋白降解菌、脂肪降解菌、酸利用菌、乳酸产生菌等微生物，对饲料进行发酵降解；蚂蚁主要依靠纤维素酶将木质纤维分解成糖；食虫植物主要依靠蛋白酶、核糖核酸酶、磷酸酯酶等消化酶对昆虫进行消化分解。

就人体的消化系统而言，化学仿生部分研究比较早，已经有比较成熟的人工胃液的配制方法和商业化的产品。对食虫植物消化系统化学仿生的研究鲜有报道。近些年，随着对生物质能源研究的深入开展，对白蚁关键酶的研究取得了一系列重要进展。2006年，美国国家生物技术信息中心的GenBank数据库显示[14]，已克隆的白蚁纤维素酶基因主要是内切β–1，4–葡聚糖酶（EG酶）基因，它们来自鼻白蚁科（Rhinotermitidae）、白蚁科（Termitidae）、澳白蚁科（Mastotermitidae）和木白蚁科（Kalotermitidae）的几种白蚁，包括4科6属9种白蚁及其体内共生物的纤维素酶基因被克隆测序。

近年来，出于对食品消化效果、营养特性的评价，世界上不少科学家开展了机械仿生人工消化系统的设计[17]。整体来看，国际上大致分为动态单室模型（dynamic monocompartmental models）、动态双室模型（dynamic bicompartmental models）、动态多室模型（dynamic multicompartmental models）三大类别的设计思路。单室模型是指仅仅模拟人胃的功能，双室模型指模拟人的胃和十二指肠的功能，多室模型是指模拟胃、十二指肠、空肠和回肠等人体消化系统主要模块的功能。

除了上述基于食品消化效果、营养特性评价进行的消化系统仿生模拟之外，近些年有不少学者为了提高生化反应的效率，在反应器及其系统的设计上借助仿生学的原理，也取得了许多不错的进展。

一、动态单室模型的仿生设计

（一）人胃模拟器

人胃模拟器（human gastric simulator，HGS）的设计者是美国工程院院士、加利福尼亚大学戴维斯分校R. Paul Singh教授[18]。多年来，R. Paul Singh教授一直开展胃蠕动过程的模拟研究，首先建立了一个用于流动特性和固态降解过程研究的人胃计算机辅助模型，之后设计制造了一个模拟人胃实物模型。

HGS的设计是为了产生一种类似于体内观察到的胃壁连续蠕动的方式。通过逼真的蠕动波，该设备能够准确地模拟胃壁的运动过程，对食物产生类似于体内测量到的机械力作用。为了模拟胃消化的动态过程，该模型也配合有胃液分泌和排空功能。HGS的工作效果通过消化大米和苹果片，分析消化物特性，包括颗粒大小分布、固体含量和pH变化，进行评价。

HGS的主要组成如图4-6和图4-7所示，其工作原理如图4-8所示。HGS包括一个模拟胃室的乳胶容器，用于驱动胃壁、由电动机驱动的由固定在皮带上的12个辊子组成的机械传动系统，胃分泌和排空系统，温度控制系统四个部分。

图4-6　HGS的主要组成

1—电动机　2—模拟胃室的乳胶容器　3—网格袋　4—分泌管　5—辊子　6—皮带

7—温控灯泡　8—塑料泡沫保温材料

图4-7　HGS俯视图

1—网格乳胶腔　2—分泌液塑料管　3—辊子　4—电动机

5—风扇　6—传动轴　7—直角齿轮　8—灯泡

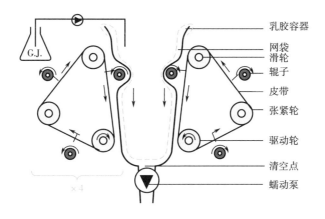

图4-8　HGS工作原理图

（1）胃室　模拟胃室的圆柱形乳胶容器由耐用性和弹性好的乳胶制成。乳胶容器直径102mm（4in）、深度280mm（11in），有效体积5.7L（1.5gal）。乳胶容器由一个不锈钢夹具夹持在顶部，由从夹具延伸出基板的4条腿支撑，因此乳胶容器保持垂直高度330mm（13in），每个腿以相互90°的角度被水平地焊接在底座上。需要装入食品材料时，旋转不锈钢环，容器的顶端被左旋打开。不锈钢环的直径为152mm（6in）、宽度为102mm（4in）。乳胶容器的底部呈锥形，有75°的角度，直径减小到25mm（1in）。一个内部直径3.2mm（1/8in）的塑料管连接乳胶容器底部到蠕动泵（Masterflex Pump Controller 7553-50/7090-42 Pump，Cole-Parmer，Chicago，Ill.，U.S.A.），用于从容器中排空食糜。

在进行消化试验时，一个薄的有孔径1.5 mm网眼的聚酯丝网袋被放置在乳胶容器内，覆盖住胶乳的内壁。此网袋允许小于2mm的小颗粒通过网眼排空，保留大的颗粒进一步分解，从而模拟幽门的筛分作用。为了试验结束后洗涤和除去所有剩余的食物，详细分析残留在胃中的食物残渣，网格袋可容易地取出。

（2）辊子及其驱动系统　机械传动装置由12个辊子、4条皮带、传动轴、滑轮、驱动轮和张紧轮组成。辊子被安装在乳胶容器的四边，创建胃的蠕动收缩运动。每个辊子由2个宽的聚四氟乙烯轮子组成，轮子直径12.7mm（1/2in）、厚度9mm，彼此相距11mm，固定在铝杆上。辊子通过一个支撑杆安装在皮带上。4条皮带分别长610mm（24in）、宽9.5mm（3/8in），沿乳胶容器外侧等距分布。每条皮带等距安装有3个辊子（图4-6）。皮带由一个电动机驱动，电动机由Stir-Pak控制器（model r-50002-02，Cole-Parmer）控制，转速可调范围为2~180r/s。

辊子在乳胶容器上创建每分钟3次收缩，以模拟每分钟3个周期胃的实际收缩频率。当电动机运行时，传动轴转动，通过驱动轮驱动皮带移动，携带辊子沿着乳胶容器外壁向下移动，从而在容器四个等距的侧面产生收缩。

当辊子接近乳胶容器的底部时，为了避免相邻皮带辊子之间可能的冲突，将4组辊子分成2组面对面放置于不同高度，相对的2组辊子高于其他2组辊子30mm（图4-9）。

可以通过改变2组对辊之间的水平距离来改变收缩力，2组对辊之间的水平距离可以通过调节铝杆内螺杆的啮合深度来改变。

传动轴是直径12.7mm（1/2in）的黄铜棒，用于驱动一个9.5mm（3/8in）的驱动轮，驱动轮定时驱动皮带运动。张紧轮是为了保持皮带不要松弛，处于一个张紧的状态。垂直安装的四块低碳钢板分别被用于支撑4组由传动轴、驱动轮、张紧轮和滑轮组成的皮带运动系统。电动机的动力通过直角驱动器将动力从第一个皮带运动系统的传动轴传递给其他三个皮带运动系统。直角驱动器由2个以90°角耦合在一起的锥齿轮组成，可使动力从一个轴传递到另一个轴（图4-9）。

图4-9　滑轮系统及滚轮

1—乳胶腔　2—皮带　3—辊子　4—滑轮　5—直角齿轮　6—Love-Joy联结　7—传动轴

（3）胃分泌系统　可变流量微型蠕动泵（Model 3385，VWR，Scientific，Rochester，N.Y.，U.S.A.）通过一个内径6.4mm（1/4in）的塑料管分成5个聚乙烯管（内径0.86mm）输送模拟胃液到模拟胃室。一个控制阀用于调节管道的流量（图4-6和图4-7）。在乳胶容器里，5根管子被置于网格袋和乳胶衬里之间。为了使分泌的胃液均匀分布，管子末端被放置在不同高度，距离底部10~15mm。胃液分泌的流量可在0.03~8.2 mL/min调整。

（4）温度控制系统　整个组件被安置在一个绝缘塑料泡沫室中。通过两个60W灯泡保持温度在37℃，借助一个温控器（Model T675A 1516，Honeywell，Honeywell Inc.，Minneapolis，Minn.，U.S.A.）自动打开或者关掉灯泡。安装一个迷你风扇分散处理室中的空气，以使温度均匀。温度从室温上升至37℃大约需要30min。需要时，通过一个便携式空气加热器加快初始升温。用6mol/L HCl调节pH至1.3。通过溶解胃膜素（1g）、α-淀粉酶（2g）、NaCl（0.117g）、KCl（0.149g）和NaHCO$_3$（2.1g）于1L蒸馏水中制备人工唾液。所有化学品均购自Sigma-Aldrich，Inc.（St. Louis，Mo.，U.S.A.）。

（5）收缩力的测量　通过使用一个连接有手持式数字压力计（Dwyer，series 475 Mark Ⅲ）的厚壁中空橡胶球（直径22mm）测量由HGS产生的机械力。将橡胶球放在装满水的HGS的底部，对应于人的胃窦。当HGS工作时，运动的乳胶容器壁压缩橡胶球在其中空气囊产生压力，记录压力值。压缩橡胶球时，采用装有圆柱平头探针（直径4cm）的质构仪TA-XT2（Texture Technologies Corp.，Scarsdale，NY/Stable Micro Systems，Godalming，Surrey，U.K.）测定橡胶球上被施加的力。橡胶球中空气囊内产生的压力和橡胶球表面被施加的力分别同时用手持式数字压力计和质构仪记录，从而建立压力和所施加的力之间的关系。发现橡胶球中空气囊内产生的压力和施加在橡胶球表面的力之间呈线性关系。使用线性公式将从HGS收缩时记录的压力读数转换成橡胶球表面被施加的力。

（二）动态胃模型

动态胃模型（dynamic gastric model，DGM）能够像人胃一样通过机械力和酶消化处理复杂的食品[19]，如图4-10、图4-11所示。它由三部分组成，即主体（胃底）、胃窦和阀门组件［图4-10（1）］。DGM的主体可容纳800mL食物，相当于一顿大餐（如高脂肪美式早餐）的食物总量。该系统保持恒温37℃。图4-11所示是DGM的实物图。

DGM加工的机制分为四个步骤［图4-10（2）］。

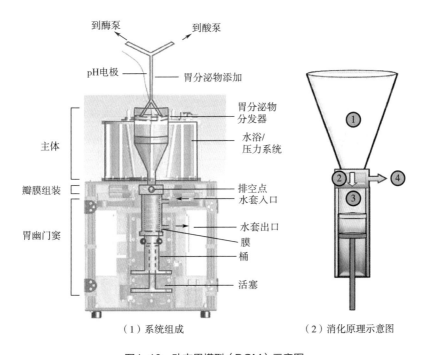

（1）系统组成　　　　（2）消化原理示意图

图4-10　动态胃模型（DGM）示意图

①第一步混合　②第二步喂料　③第三步消化　④第四步排空

图4-11 动态胃模型（DGM）实物图

第一步，混合：在DGM主体内的食物/胃内容物通过脉冲收缩被不均匀地与胃分泌物混合在一起［图4-10（2）①］。收缩每分钟三次，由计算机控制，由围绕DGM主体施加在恒温水浴中水压力的变化诱导。胃酸和酶是从一个分配器添加，分配器浮在主体内容物的顶部。分配器的设计为使酶和酸从主体的两侧均匀地传递进入，模拟源于胃壁的人胃分泌物。酶和酸性分泌物二者的加入比例由计算机控制，通过两个蠕动泵调节（323Du/D，Watson Marlow，Cornwall，UK）。酶的添加比例按照食物的体积计算，而酸的添加依pH确定。控制加酸的pH通过一个直接浸入DGM主体的pH导管（AlbynMedical Ltd，Ross-shire，UK）记录。设计控制酶和酸添加的反馈机制，以使分泌物以生理率增加[20]。由于食物由不易消化的基质组成，所以在这项研究中胃分泌物的添加是为了在胃加工期间再现像体内一样的稀释效应。

第二步，喂料：DGM主体内的内容物通过阀门组件移入胃窦［图4-10（2）②］，在此过程中进入阀呈打开状态，允许内容物在主体和胃窦之间回流和混合。

第三步，消化：食糜在胃窦中通过圆筒内一个活塞的往复运动进行机械作用，并被强制通过一个环状膜［图4-10（2）③］。DGM胃窦的设计是为了模拟人胃窦强大的剪切力，重现在体内观察到的食物颗粒分解和优先筛分的过程[21]。

第四步，排空：一旦准备好，处理后得到的小而圆的物块通过阀组件被排出而腾空胃窦［图4-10（2）④］，并被收集做进一步分析。

DGM模型旨在复制成人胃的酸碱度、酶添加、剪切、混合和停留时间的实时变化。该模型可以喂入从一杯水到高脂肪膳食［即美国食品和药物管理局（FDA）高脂肪早餐］，并以与体内相同的加工形式和速率从其"胃窦"输送样本。

试验研究证实，从成分和时间的角度来看，DGM不仅能够模仿人胃的生化反应条件，而且还能够模拟人胃的研磨力。由于这些独特的特点，DGM似乎是一个比目前使用的体外模型更有吸引力的模型，它可以用来预测药物输送系统在胃内的行为。

二、动态双室模型的仿生设计

人上消化道模型系统（human upper GI tract model system）是一种动态双室模型[22]（图4-12）。设计该模型的目的是模拟胃肠道（胃和十二指肠）摄入和消化的生理事件，研究食物基质中潜在的益生菌。该模型由两个容量均为1L的分别代表胃和十二指肠的夹层玻璃烧杯——胃反应器和十二指肠反应器（Kontes，Vineland，NJ，USA）组成。玻璃烧杯的盖子上安装有一个pH电极（London Scientific，London，ON，Canada）和一个温度探头，以及输送食物和HCl进入胃反应器的进入口。十二指肠反应器有胃食糜、NaOH和牛胆汁三个入口。每个反应器中有一个磁力搅拌棒，通过磁力搅拌器控制板控制搅拌速率。反应器内的温度通过夹套烧杯由循环水控制在37℃。通过蠕动泵（Minipuls 3，Gilson，Middleton，WI，USA）控制添加产品的输送，以及由胃反应器进入十二指肠反应器的排空速率。胃反应器的排空率被控制到近似于人体胃对食物消化的条件（Berrada et al.，1991）。保留在胃反应器中的

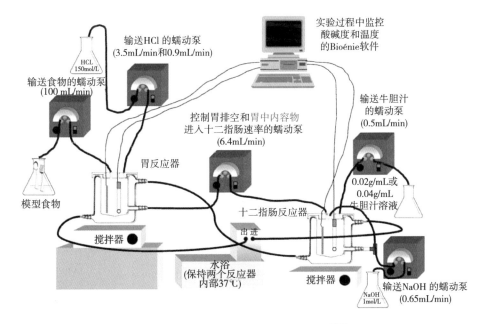

图4-12　动态体外人上消化道模型系统[22]

食物的量通过每次向胃反应器送入溶液的速率和从胃反应器中排空的速率来计算。在胃反应器中添加盐酸的控制是为了再现食用食物之后人胃中胃液的pH曲线（Minekus et al., 1995）。在食物送入一开始，为了模拟前期胃酸的分泌，反应器需装入17.5mL 150mmol/L的HCl。盐酸输送的速率是3.5mL/min，直到胃反应器内pH达到3.0，此时盐酸输送速率降至0.9mL/min，以模拟胃泌素的抑制作用。1 mol/L NaOH溶液被添加到十二指肠反应器（0.65mL/min），以保持实验中十二指肠反应器中pH为6.5。在时间为0时，十二指肠反应器内含有7mL 4%牛胆汁溶液。在第一个30min，将牛胆汁溶液泵入十二指肠反应器，然后为了使十二指肠中牛胆汁的浓度在整个实验期接近0.3%，将溶液减少到实验剩余物的2%。为了记录90min研究期内的温度和pH，该模型被连接到一个Biogénie ID系统（Ste-Foy, QC, Canada）。

该模型旨在更好地模拟胃和小肠上部的消化活动。然而，不能测试细菌对上皮细胞或黏液的黏附性，不包含常驻细菌，并且没有反馈机制，需要进一步改进。

三、动态多室模型的仿生设计

动态多室模型（TIM）是指模拟胃、十二指肠、空肠和回肠等人体消化系统主要模块的功能。在TNO肠道模型的基础上，经过几个公司和大学的共同努力下，研制出了动态的计算机控制的多室体外胃肠系统[23]。该系统可模拟成年人的胃、小肠（TIM-1）及大肠（TIM-2）的状况[24, 25]。

图4-13所示是可扩展的TIM-1系统的基本配置，分为胃和小肠两大部分。进一步将小肠分段细分为十二指肠、空肠、回肠，构成图4-14所示的TIM系统。

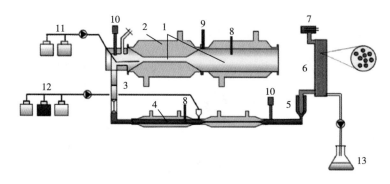

图4-13 TIM系统（胃-小肠）的基本设置

1—可蠕动的胃腔 2—同体温同等温度的水 3—可控制胃排空的幽门括约肌 4—可蠕动的小肠 5—预过滤
6—半透膜 7—液位传感器 8—温度传感器 9—压力传感器 10—pH传感器 11—唾液和胃液分泌
12—碳酸氢盐、胆汁和胰液分泌 13—滤液（生物可利用部分）

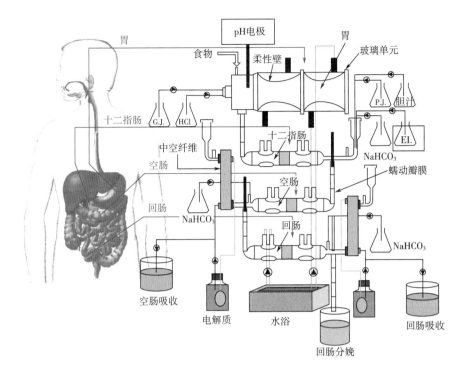

图4-14 TIM系统（胃-十二指肠-空肠-回肠）

如图4-13所示，胃和肠的腔壁均由柔性材料制成，依靠腔壁外温水的挤压模拟胃和肠的蠕动。食物被送入胃腔之后，唾液和胃液分泌物被泵入胃腔中，胃腔在与人体温相同温度水的驱动下蠕动，开始胃消化反应。消化结束后，食糜通过可控幽门括约肌被排空至可蠕动的小肠，同时碳酸氢盐、胆汁和胰液分泌液被泵入小肠，进一步进行消化反应。之后消化液被预过滤器除去大的杂质，最后进入半透膜进行精细分离，获得可被人体利用的滤液。

该系统被证实可用于模拟食物消化、化合物释放，以及在成年人进食和禁食状态下从各种膳食和剂型中吸收营养和药物等[26-30]。该系统也可用于儿科药物研究[31]，当然需要进行不断的开发和验证，以准确模拟儿童生理、食物形式及其剂型等。

陈晓东教授在前人研究的基础上，提出了一种接近真实的人胃休外动力学模型的新版本——动态体外人胃（dynamic in vitro human stomach，DIVHS）[32]。DIVHS同时再现了人体胃的形态、解剖、运动和生化环境，尽可能接近活体胃。采用3D打印技术制作的软弹性硅胶人体胃模型，其尺寸、形态和解剖结构与实际观察结果相似。然后，装备了一个由一系列偏心轮和滚筒组成的机电仪器，能够提供更精确的胃壁蠕动模拟。

DIVIIS包括一个软弹性人体胃和十二指肠模型、一个机电驱动装置、一个分泌和排空系统和一个温控箱［图4-15（1）和（2）］。整个装置除排液系统外，均被置于保温箱内的固定钢板上。由硅橡胶（Dragon Skin®10 FAST，Smooth on，USA）制成的J型软弹性人体胃具有良好的物理性能，如不溶于水、耐酸碱、弹性好、不黏、抗拉强度好等。它是用3D打印技术制作的，取代了以前手工制作的方法。手工方法费时费力，而且难以提供统一的胃模型的形态和尺寸。

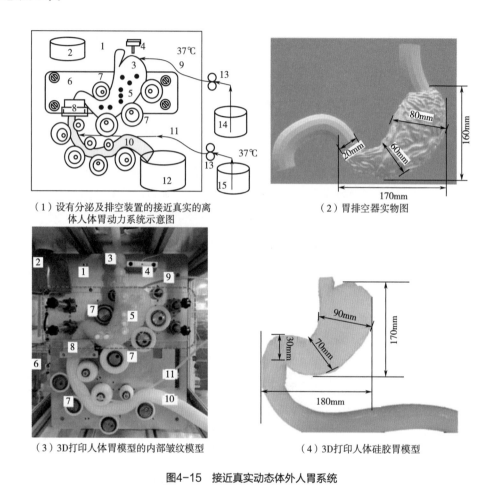

（1）设有分泌及排空装置的接近真实的离体人体胃动力系统示意图

（2）胃排空器实物图

（3）3D打印人体胃模型的内部皱纹模型

（4）3D打印人体硅胶胃模型

图4-15　接近真实动态体外人胃系统

（1）1—固定板　2—保温灯　3—食道模型　4—热传感器　5—3D打印软弹性人体胃模型
6—透明丙烯酸板（红色虚线盒）　7—滚筒/偏心轮　8—幽门挤压板　9—胃液分泌管
10—十二指肠模型　11—胰液和胆汁分泌硅胶管　12—食糜收集瓶
13—肠胃泵　14—模拟胃液　15—模拟胰液

机电传动装置主要由一系列偏心轮和滚轮、胃和幽门挤压板、电机、皮带和滑轮系统组成。安装驱动装置是为了模拟胃和十二指肠产生蠕动性收缩。胃和十二指肠模型安装在偏心轮和滚轮之间，当DIVHS运行时，它们之间的间隙可以定期改变［图4-15（2）］。当偏心轮和滚轮向下滚到下腹部时，收缩环收缩，从而增加波的振幅，并产生更强的滚动挤压和搅动力。当偏心轮和滚轮接近胃的远端（胃窦）时，轮和滚轮之间的间隙缩小到最小，对食物产生最大的机械力。这个动作是为了模拟体内的"窦性收缩"。胃壁上的整体滚动挤压如图

4-16（1）所示。可见，与胃窦部［图4-15（2）］相比，近端胃（胃体）的间隙较小，导致胃模型胃窦部的收缩力较高。这与胃的实际情况相一致，即当蠕动收缩波向幽门传播时，最大蠕动收缩发生在远端胃窦处，收缩深度和凹痕增加。如图4-15所示，胃窦处的最大滚动挤压类似于体内胃窦的收缩，对食物颗粒施加相当大的机械破坏力，促使食物颗粒和胃壁之间的研磨和摩擦，从而在食物的解体中发挥重要作用。据报道，在人胃中，胃窦和幽门收缩，幽门部分打开，产生"筛分效应"，液体和小颗粒（<1mm）可以从胃通过幽门开口流入十二指肠，而比幽门开口更大的不可消化颗粒则被反切并保留在胃中，以进一步进行物理分解和化学消化。如图4-16（3）所示，在DIVHS中，通过周期性地改变幽门挤压板和固定支撑板之间的间隙，使幽门的开口尺寸在0~20mm，从而实现了胃的"筛分效应"。

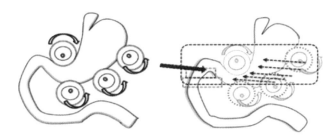

（1）由偏心轮和滚轮引起的人体胃蠕动的示意图

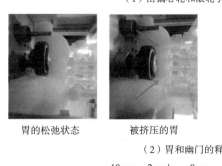

| 胃的松弛状态 | 被挤压的胃 | 幽门的松弛状态 | 被挤压的幽门 |

（2）胃和幽门的释放和挤压状态的图像

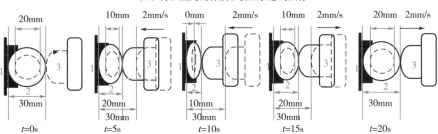

（3）幽门装置如何控制幽门模型的闭合和打开的示意图

图4-16 动态体外人胃（DIVHS）工作原理示意图

1—幽门装置的固定支撑板　2—硅酮幽门模型的横截面，其初始（$t=0$）内径为20mm（虚线圆）且外径为30mm（实心圆）　3—幽门挤压板的横截面，幽门模型的内径相对于由幽门挤压板以20s的规则周期运动控制的时间在0~20mm的。箭头以2mm/s的恒定速度指示幽门挤压板的运动方向值得一提的是，DIVHS配备了一个如图4-17所示的辅助胃排空装置，该装置通过改变整个系统在-45°~+45°的倾斜角度来控制排空率（分别为逆时针和顺时针旋转）。倾斜角的变化改变了胃模型中食物的分布，使其成为重力的函数。由于胃内容物在整个胃中的堆积增加，新DIVHS的顺时针旋转会削弱重力效应，从而延迟排空率。相反，胃内容物更容易流出，导致逆时针旋转时排空速度加快。辅助排空装置对胃排空率的影响如图4-17所示。此外，安装与固定板连接的透明丙烯酸板［图4-15（2）］主要是为了在新的DIVHS运行时保持胃模型的稳定性。胃和十二指肠滚动–挤压频率为每分钟0~60次收缩，这是通过改变电机的速度来控制的。

该分泌系统由两个蠕动泵组成，用于将模拟胃液和肠液（37℃）分别以受控速率输送到胃和十二指肠模型中。隔膜泵被选择性地用于控制液体样样品的胃排空。对于固体食物，胃排空依赖于蠕动运动产生的胃–十二指肠压力，排空速率可由图4-17所示的辅助排空装置控制。由丙烯酸板制成的温控箱用于保持内部温度在37℃左右，用电灯加热。温度由与智能温度控制器相连的热电偶监控。在进入胃和十二指肠模型之前，模拟消化液在水浴中被预热到37℃［图4-15（1）］。

DIVHS被陈晓东课题组用于炖牛肉的胃排空和米饭的体外消化等研究。

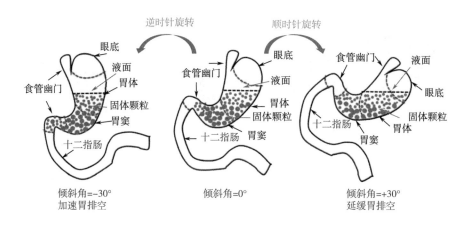

图4-17　通过辅助排空装置控制胃排空速率的示意图

注：实心点代表膳食中的固体颗粒，大颗粒主要沉淀在J形人体胃模型的底部（胃窦），而小颗粒则作为重力的函数悬浮在胃的上层。辅助排空装置的顺时针旋转导致胃排空延迟，而逆时针旋转导致排空加速。

四、反应器及其系统的仿生设计

（一）柔性反应器的仿生设计

搅拌槽反应器是工业生产中最常用的混合机械，当加工高黏度物料时，搅拌槽反应器内流动状态较多为层流，混合区域可以分为混沌混合区和混合隔离区[33]。混沌混合区主要通过对流来实现混合，混合程度高，而隔离区内流体主要通过分子扩散来实现混合，混合程度不高，并且隔离区内外的流体之间不能混合，这就降低了反应器的混合效率[34]。因此，减小隔离区是提高反应器流体混合效率的有效途径之一。

动物体内的胃和小肠系统能够通过柔性壁面的蠕动实现高黏度食糜的输送及消化液和食糜的有效混合。基于生物体内小肠的工作原理，陈晓东、刘明慧等[35, 36]设计搭建了一套更加易于操作的柔性反应器系统。之后，为了消除柔性反应器的隔离区，在柔性反应器底部垂直放置了弹性棒（柔性材料、硅橡胶）[37]，目的在于在挤压过程中，使弹性棒受到壁面变形的影响能够发生形变或振动，从而对反应器内流体产生扰动，能够改变柔性反应器的混合过程，提高混合效率。

图4-18所示是带有弹性棒的柔性反应器系统[36, 37]，主要包括三部分，即混合机械单元、图像采集单元和数据处理单元［PC，Inter（R）Core（TM）i3-4150CPU @ 2.30GHz］。其中，混合机械单元：直流电机通过对心曲柄连杆装置带动挤压头进行往复运动，实现柔性反应器壁面的形变和恢复；图像采集单元：使用CMOS相机（acA1600-60gm，Basler）记录实验的全过程，随后借助视频处理软件将视频保存为Tiff格式的图片；数据处理单元：使用Matlab软件

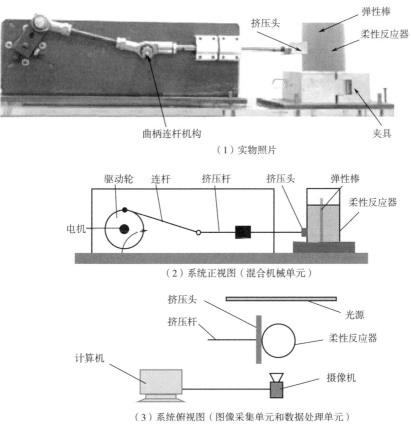

（1）实物照片

（2）系统正视图（混合机械单元）

（3）系统俯视图（图像采集单元和数据处理单元）

图4-18 柔性反应器系统

对可视化图像进行分析。柔性反应器和弹性棒使用有机硅橡胶材料（LSR3042，A、B双组分加成型硅橡胶）制作。

图4-19所示是柔性反应器形变与恢复过程[36]。其中挤压频率f可调（0~3Hz），最大挤压深度P_{dmax}可调（10~25mm），挤压高度H_s可调（25~50mm）。柔性反应器的优点如下。

（1）能够使流体达到良好的混合，混合时间、混合过程和混合效果可以通过挤压频率、挤压程度和挤压位置控制。挤压频率越高，混合时间越短，最终稳态时隔离区越小；挤压程度越大，混合时间越短，对稳态时的隔离区影响不大；挤压位置对混合时间的影响不大。

（2）通过和三叶斜桨式搅拌器对比发现，在低雷诺数区域（10~1000）柔性反应器在混合时间方面略优于三叶斜桨式搅拌器。

通过模拟人和动物消化系统混合流体的方式，开发的柔性反应器特别适宜于高黏度流体（低雷诺数情况），这种柔性反应器的优势相对明显。

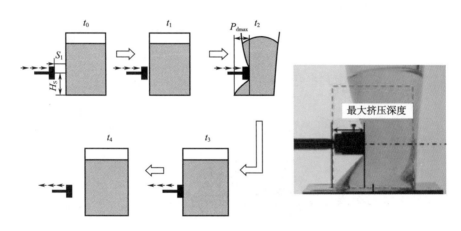

图4-19 柔性反应器形变与恢复过程

P_{dmax}—最大挤压深度　H_s—挤压高度　S_1—挤压头与柔性反应器壁的距离　t_i—混合时间

（二）蠕动发酵罐的仿生设计

侯哲生、佟金在2007年根据反刍动物瘤胃结构仿生设计了一个蠕动式发酵罐[38]，通过滤膜与罐的一体耦合实现了液态培养基的连续补料和发酵代谢产物的连续分离。该设计利用蠕动技术达到了微生物与底物的充分混合并减少了能耗，同时减少了膜分离过程中的浓差极化[1]现象。

1）浓差极化是指膜分离过程中，料液中的溶液在压力驱动下透过膜，溶质被截留，在膜与本体溶液界面或临近膜界面区域浓度越来越高；在浓度梯度作用下，溶质又会由膜面向本体溶液扩散，形成边界层，使流体阻力与局部渗透压增加，从而导致溶剂透过通量下降。将这种现象称为浓差极化现象。

1.结构设计

图4-20所示是用于固态基质发酵的发酵罐设计方案，在发酵罐外壳的内腔，通过贴有压电片的Z型弹簧组，固定了一个内空的椭球形柔性内囊；在内囊柔性壁的外表面，从长轴端开始呈螺旋状粘贴有换热管和保温层，柔性壁上固定有采用柔性管的液态培养基入口管、进料管、膜渗出液出口管、发酵产物出口管和排渣管，各柔性管从发酵罐外壳内伸出且与发酵罐外壳上的各孔之间有间隙。

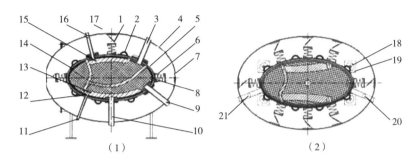

图4-20 蠕动式发酵罐结构原理简图［（1）（2）为蠕动式发酵罐不同高度横截面图］

1—Z型弹簧 2—换热管 3—进料管 4—支撑壁 5—柔性壁 6—螺旋弹簧

7—压电片 8—下半部分滤膜 9—发酵代谢产物出口管 l0—排渣管

11—膜渗出液出口管 12—E字形支架支撑圆环体 13—E字形支架下脊

14—E字形支架中的大半圆环体 15—E字形支架上脊 16—液态培养基入口管

17—排气口管 18—支撑架 19—支撑架底座

20—换热管入口管 21—换热管出口管

（1）柔性内囊设计 椭球形柔性内囊采用的材料是精密铸造模具硅橡胶，在其内侧粘贴一层滤膜，在膜上再粘贴一层起保护和增加摩擦作用的聚氯乙烯（PVC）隔网（图4-21），在柔性内囊的内腔加装一个起支撑作用和作为渗入渗出液体通道的E字形支架，可以实现发酵与部分发酵代谢产物分离的耦合发酵效果。换热管（图4-22）和保温层选取与柔性壁相同的材料并与温度控制系统相连，以保证发酵工艺要求的温度及温度变化率。

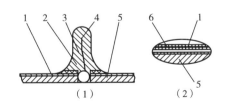

图4-21 支架和膜的剖面示意图

1—上半部分滤膜 2—脊内管道 3—E字形支架

4—热电阻 5—柔性壁 6—隔网

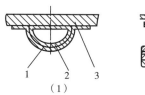

（1）　　　　　　　　（2）

图4-22　换热管和管接结构示意图

1—保温层　2—换热管　3—柔性壁　4—柔性管　5—支撑壁

（2）滤膜的设计　滤膜分为上下两部分与柔性壁内表面接触，上半部分滤膜用于液态培养基渗入蠕动发酵罐，选用通过分子质量为0.8～1ku的醋酸纤维素纳滤膜，下半部分滤膜用于分离代谢产物，选用截留分子质量为45ku的聚偏氟乙烯超滤膜。截流分子质量是使用分子质量大小表示的超滤膜的截留性能。

（3）内部支撑设计　E字形支架由与柔性壁相同的材料制成；E字形支架上部分的扁长方柱体称为上脊，下部分的扁长方柱体称为下脊，左边是一个支撑圆环体，中间是一个起支撑作用的大半圆环体，大半圆环体的两个端点与左边支撑圆环体固定连接。支架上下脊中装有管道，热电阻也被装入E字形支架的上脊中，上管道与培养基液体入口管和上半部分滤膜相连通，下管道与滤膜渗出液出口管和下半部分滤膜相连通。支撑圆环体内的管道同时还起到骨架的作用。滤膜下面是隔水层，两者间形成液体通道，延伸到支撑圆环体内与管道侧壁的开口相通。

（4）蠕动振动源设计　贴有压电片的弹簧组是由螺旋弹簧和Z型弹簧组成，压电片就贴在Z型弹簧上；螺旋弹簧一端固定在柔性壁的外表面上，另一端固定在Z型弹簧的一端，Z型弹簧的另一端固定在支撑壁内侧面上；在柔性壁外表面上，从柔性壁的长轴端开始在换热管之间呈螺旋等距布置螺旋弹簧，弹簧组Z型弹簧的另一端也被螺旋等距地固定在外壳内侧面上。这样既可以提供振动源又对内囊起到了悬挂作用。

2. 蠕动发酵罐的操作过程设计

以玉米秸秆的发酵为例来介绍蠕动发酵罐的操作过程设计。

（1）底物的添加　经过具有一定孔径筛网粉碎机粉碎的玉米秸秆与9倍质量的培养基液体混合，再与用于微生物菌种培养的种子罐传送来的微生物菌种混合，通过进料管注入蠕动发酵罐内。预先注入的二氧化碳从排气管排出。

（2）控制系统的调控设计　以由组态软件和可编程逻辑控制器组成的控制系统驱动受控电源使压电振动组件产生振动，并通过Z型弹簧组传到柔性壁。受控制系统控制，每间隔2s由相邻的下一圈压电振动组件产生振动，这种有规律的振动就实现了发酵罐沿长轴方向产生的蠕动。蠕动发酵罐柔性壁的内表面附近物料向远离进料管方向运动，中间的物料随即补充，从而达到物料混合效果。当物料遇到支持架后，由于有支架的阻挡而产生较大程度的物料混合。经过一段时间后，由于密度不同，大颗粒物料会集中在发酵物的上部，柔性壁反向蠕动，使压电振动幅值达到最高，开启进料管阀门，将大颗粒物料从进料管排出。蠕动的参与加快了进、出料速度。发酵过程采取半连续的发酵方式，预期发酵周期为48h，玉米秸秆被降解40%，发酵产物从发酵产物出口管排出，石子等残渣通过排渣管排出。

（3）过程参数的监测　　在蠕动发酵过程中，微生物降解原料产生挥发性有机酸，使pH下降，通过柔性壁下半部分膜渗出代谢产物挥发性有机酸，并从柔性壁上半部分膜向罐内添加碱性培养基液体部分，调整pH在5.5～6.5；pH测量采取罐外间接测试方法。通过对产气的气压测试，间接测量发酵的产物情况。蠕动发酵罐内的温度由热电阻随时监控，通过调整温度控制系统以保证发酵工艺要求的37～39℃的温度及温度变化率。蠕动发酵罐内除E字形支架为凸出部分外，没有其他阻碍物料混合和输送的部件。由于滤膜的限制，可采用臭氧杀杂菌方法。

（三）基于酶膜耦合反应的消化系统仿生设计

上述系统都是模拟了食物在胃和小肠中的消化行为，吸收过程不在其中，而实际上食物在胃和小肠中的消化和吸收过程是相伴进行的，其优点是克服了消化过程中的产物抑制效应[1]和过度消化[2]等问题。目前在生物化工领域开发的酶膜耦合反应器就是将反应和分离过程相伴进行的，符合仿生设计的思路。

工业化的酶膜耦合反应系统可以进行连续补料，实现持续工作。而人体不行，因为人的嘴除了饮食之外，还有一个重要的功能就是语言交流。但是人在两次用餐之间会多次喝水。从食物消化吸收的角度来看，这种饮食行为是因为在营养成分吸收的同时肠胃中的水分作为载体一起进入血液，造成肠胃中用于消化反应的水分不足，酶膜耦合反应系统也有类似需求。马海乐课题组依据这一原理开发了梯度稀释补料连续酶膜耦合反应系统（图4-23、图4-24）[39]。该系统酶解反应产物的分子质量在达到系统中膜的截流分子质量后被同时分离出系统；在小分子反应产物被连续排出的同时，原料液又被连续地补充进入反应釜，以保持反应釜中料液的体积不变。当系统达到分离膜的工作压力时，终止反应，排出反应器中聚集的残渣。梯度稀释补料的含义是补入原料液的浓度是逐渐降低的，该系统由梯度补料泵和计算机控制系统构成，已经成功应用于功能多肽的生产。

梯度稀释补料连续酶膜耦合反应系统与传统的在酶解之后进行膜分离的系统比较，有如下优势。

（1）大幅度提高了酶的使用效率，酶的使用量显著下降。

（2）克服了酶解反应过程中的产物抑制效应，反应速率和蛋白质转化率显著提高；

---

1)　产物抑制效应指产物过多时会抑制消化反应的正向进行，降低反应速度。

2)　过度消化指食物被降解到最佳程度产生的具有某些活性的分子若被继续降解，会导致活性分子失去活性功能。

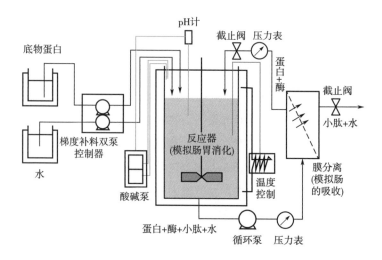

图4-23 梯度稀释补料连续酶膜耦合反应系统示意图

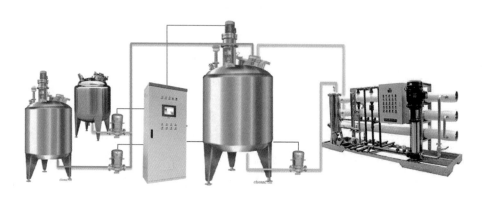

图4-24 梯度稀释补料连续酶膜耦合反应系统

（3）避免了过度酶解的问题，酶解产物活性显著提高。

与等浓度补料、先补料后补水两种酶膜耦合反应模式比较，梯度稀释补料模式能显著延长系统工作时间，增加一个批次的处理量。

马海乐课题组将自主开发的梯度稀释补料连续酶膜耦合反应系统应用于鱼鳞胶原蛋白[40]、玉米胚芽多肽[41]、牛乳多肽[42]等功能多肽产品的制备。

以脱脂乳粉为原料，梯度稀释补料酶膜耦合反应的实验室小试操作过程如下：配制底物浓度为70g/L的溶液1300mL加入反应器内，搅拌15min加热至50℃，调节pH至7.0，设置循环泵转速为100r/min。运行超滤循环装置5min，使料液充满装置和管道。在料液充满装置和管道后补充料液液面至1300mL，加入一定量蛋白酶（2000 U/g），启动循环蠕动泵开始计时，同时开启梯度补料泵，A泵补加原料（起始转速为4.1 r/min，终止转速为0），B泵补加水（起始转速为0，终止转速为4.1r/min），以14 mL/min的总流速（$V_总=V_A+V_B$，V_A为A泵补料速度、V_B为B泵补料速度）向反应器中连续补入浓度由高到低的脱脂乳粉溶液，可实时更改补料参数，使补料速度与出料速度相同，以维持反应器内料液面的高度不变。

考察总循环时间300min的前提下，梯度稀释补料、等浓度补料、先补料后补水三种补料模式下蛋白质转化率随时间的变化情况，结果如图4-25所示[42]。

由图4-25可知，三种补料模式下酶膜耦合反应的蛋白质转化率均随时间变化而增加，其中梯度稀释补料酶膜耦合反应模式蛋白质转化率最高，可达67.58%，与先补料后补水酶膜耦合反应模式（60.15%）相比，提高了12.35%；与等浓度补料酶膜耦合反应模式（41.64%）相比，提高了62.30%。

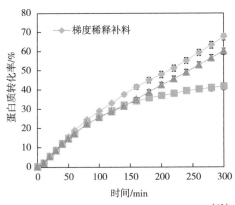

图4-25 蛋白质转化率随时间的变化曲线[42]

不同补料模式下蛋白质转化为多肽的多肽得率比较，如表4-1所示。

表4-1 不同补料模式下多肽得率比较

补料模式	梯度稀释补料	等浓度补料	先补料后补水
多肽得率/%	67.07	50.04	61.01

由表4-1可知，梯度稀释补料酶膜耦合反应模式下的多肽得率最高，为67.07%，与等浓度补料模式（50.04%）相比提高了34.03%，与先补料后补水模式（61.01%）相比提高了9.93%。由此可见，梯度稀释补料酶膜耦合反应既克服了等浓度补料反应器内浓度过高造成的物料浪费及膜污染严重等问题，又克服了先补料后补水生产的不稳定性问题，极大地提高了酶解反应效率，为工业化生产活性多肽提供了一种更为高效的手段。

以超滤装置安全压力的上限（0.17MPa）为判断依据，进行该系统稳定运行时间研究。发现在一次加酶的前提下，通过连续补料，该系统可以稳定运行长达720min。收集上述梯度稀释补料酶膜耦合反应720min的超滤液，将其浓缩冷冻干燥制得粗肽成品，测得产品的灰分含量为8.04%，水分含量为11.68%，多肽含量为37.40%。计算该反应过程的酶解参数，得出蛋白质转化率74.51%、多肽得率75.13%、每克酶的产肽量为142.27g、多肽的血管紧张素转化酶（ACE）半抑制浓度（IC_{50}）[1]为0.77 mg/mL。

综合以上实验结果，采取梯度稀释补料酶膜耦合反应，①与传统先酶解再膜分离比较，单位酶产肽量提高了2.59倍，IC_{50}从1.13 mg/mL降低到0.77 mg/mL；②与传统的等浓度补料和本课题组早期建立的先补料后补水酶膜耦合反应比较，蛋白质转化率分别提高78.94%和23.87%，系统运行时间延长了420 min。

由此可见，这种模拟人体消化的酶膜耦合技术在蛋白质转化率、多肽得率和产品活性的提高，以及用酶量的降低方面有着非常显著的效果。

参考文献

［1］范少光，汤浩. 人体生理学［M］. 北京：北京医科大学出版社，2006.

［2］陈守良. 动物生理学［M］. 北京：北京大学出版社，2012.

［3］Nakashima K, Watanabe H, Saitoh H, et al. Dual cellulose–digesting system of the wood–feeding termite, Coptotermes formosanus Shiraki［J］. Insect Biochem Molec Biol, 2002, 32: 777–784.

［4］Breznak J A, Brune A. Role of microorganisms in the digestion of lignocellulose by termites［J］. Annu Rev Entomol, 1994, 39: 453–487.

［5］Terra W R, Ferreira C. Insect digestive enzymes: Properties, compartmentalization and function［J］. Comp Biochem Physiol, 1994, 119B（1）: 1–62.

［6］Slaytor M. Cellulose digestion in termites and cockroaches: what role do symbionts play？［J］. Comp Biochem Physiol: B, 1992, 103: 775–784.

［7］Kudo T, Ohkuma M, Moriya S, et al. Molecular phylogenetic identification of the intestinal anaerobic microbial community in the hindgut of the termite, Reticulitermes speratus, without cultivation［J］. Extremophiles, 1998, 2: 155–161.

［8］Breznak J A, Pankratz H S. In situ morphology of the gut microbiota of wood–eating termites Reticulitermes flavipes（Kollar）and Coptotermes formosanus Shiraki［J］. Appl Environ Microbiol, 1977, 33（2）: 406–426.

［9］Czolij R, Slaytor M, O'Brien R W. Bacterial flora of the mixed segment and the hindgut of the higher termite Nasutitermes exitiosus Hill（Termitidae, Nasutitermitinae）［J］. Appl Environ Microbiol, 1985, 49（5）: 1226–1236.

［10］Odelson D A, Breznak J A. Volatile fatty acid production by the hindgut microbiota of xylophagous termites. Appl Environ Microbiol［J］. 1983, 45（5）: 1602–1613.

［11］Dolan M F. Speciation of termite gut protists: the role of bacterial symbionts［J］. Int Microbiol, 2001, 4: 203–208.

［12］Hopkins D W, Chudek J A, Bignell D E, et al. Application of 13C NMR to investigate the transformations and biodegradation of organic materials by woodand soil–feeding termites, and a coprophagous litter–dwelling dipteran larva［J］. Biodegradation, 1998, 9: 423–431.

［13］Ji R, Brune A. Transformation and mineralization of ^{14}C – labeled cellulose, peptidoglycan, and protein

---

1) ACE抑制剂的活性以IC_{50}，即抑制50%ACE活性的ACE抑制剂浓度来表示。IC_{50}越低表示ACE抑制剂的活性越高，多肽的ACE抑制活性表征其降血压活性。

by the soil-feeding termite Cubitermes orthognathus [J]. Biol Fertil Soils, 2001, 33: 166-174.

[14] 杨天赐, 莫建初, 程家安. 白蚁消化纤维素机理研究进展 [J]. 林业科学, 2016, 42 (1): 110-115.

[15] Zhang Y W, Wang H Y. Advance in the studies on insectivorous plant [J]. Guihaia (广西植物), 2000, 20 (1): 88-93 (in Chinese).

[16] 李文鹏, 李绍军, 李军超, 等. 猪笼草中产蛋白酶内生菌的分离及鉴定 [J]. 西北植物学报, 2012, 32 (12): 2551-2555.

[17] Guerral A, Mesmin L E, Livrelli V, et al. Relevance and challenges in modeling human gastric and small intestinal digestion [J]. Trends in Biotechnology, 2012, 30 (11): 591-660.

[18] Kong F B, Singh R P. A Human Gastric Simulator (HGS) to Study Food Digestion in Human Stomach [J]. Journal of Food Science, 2010, 75 (9): E627- E635.

[19] Vardakou M, Mercuri A, Barker S A, et al. Achieving Antral Grinding Forces in Biorelevant In Vitro Models: Comparing the USP Dissolution Apparatus II and the Dynamic Gastric Model with Human In Vivo Data [J]. AAPS Pharm Sci Tech, 2011, 12 (2): 620-626.

[20] Lentner C. Geigy Scientific Tables. Units of measurement, body fluids, composition of the body, nutrition [M]. Basle Switzerland: CIBAGEIGY; 1981.

[21] Marciani L, Young P, Wright J, et al. Antral motility measurements by magnetic resonance imaging [J]. Neurogastroent Motil. 2001, 13 (5): 8.

[22] Mainville I, Arcand Y, Farnworth E R. A dynamic model that simulates the human upper gastrointestinal tract for the study of probiotics [J]. International Journal of Food Microbiology, 2005, 99: 287-296.

[23] Havenaar R, Anneveld B, Hanff L M, et al. In vitro gastrointestinal model (TIM) with predictive power, even for infants and children? [J]. International Journal of Pharmaceutics. 2013, 457: 327-332.

[24] Minekus M, Marteau P, Havenaar R, et al. A multi compartmental dynamic computer-controlled model simulating the stomach and small intestine [J]. Alternative Laboratory Animal. 1995, 23: 197-209.

[25] Minekus M, Smeets-Peeters M J E, Bernalier A, et al, A computer-controlled system to simulate conditions of the large intestine with peristaltic mixing, water absorption and absorption of fermentation products [J]. Appl. Microbiol. Biotechnol. 1999, 53: 108-114.

[26] Naylor T A, Connolly P C, Martini L G, et al. Use of a gastro-intestinal model and GastroplusTM for the prediction of in vivo performance [J]. Ind. Pharm. , 2006, 12: 9-12.

[27] Souliman S, Blanquet S, Beysac E, et al. A level A in vitro/in vivo correlation in fasted and fed states using different methods: Applied to solid immediate release oral dosage form [J]. Eur. J. Pharm. Sci. , 2006, 27: 72-79.

[28] Souliman S, Beyssac E, Cardot J M, et al. Investigation of the biopharmaceutical behavior of theophylline hydrophilic matrix tablets using USP methods and an artificial digestive system [J]. Drug Dev. Ind. Pharm, 2007, 33: 475-483.

[29] David S E, Strozyk M M, Naylor T A, Using TNO gastro-intestinal model (TIM-1) to screen potential formulations for a poorly soluble development compound. J. Pharm. Pharmacol. 2010, 62: 1236-1237.

[30] Brouwers J, Anneveld B, Goudappel G J, et al. Food-dependent disintegration of immediate release fosamprenavir tablets: In vitro evaluation using magnetic resonance imaging and a dynamic gastrointestinal system [J]. Eur. J. Pharm. Biopharm. 2011, 77: 313-319.

[31] Zeijdner E E, Vlek J. TIM: a versatile tool in studying paediatric pharmacokinetics. The regulatory review [J]. J. Brit. Inst. Reg. Aff. , 2002, 5: 18-21.

[32] Wang J J, Wu P, Liu M G, et al. An advanced near real dynamic in vitro human stomach system to study gastric digestion and emptying of beef stew and cooked rice. Food Funct. , 2019, 10, 2914-2925.

［33］Yu F，Bao Y Y，Huang X B. Agitating power demand and mixing performance of non-Newtonian fluid with slip behavior in a stirred tank［J］. Journal of Chemical Engineering of Chinese Universities，2009，5：878-884.

［34］李友凤，叶红齐，韩凯，等. 混合过程强化及其设备的研究进展［J］. 化工进展，2010，29（4）：593-599.

［35］陈晓东，刘明慧. 物料混合方法及装置和该装置中软弹性容器的制作方法及基于该装置的物料混合方法（CN104841299A）［P］. 中国发明专利，2015. 8. 19.

［36］刘明慧，邹超，肖杰，等. 基于仿生学的柔性反应器［J］. 化工学报，2017，69（1）：414-422.

［37］张广达，刘明慧，邹超，等. 弹性棒对仿生学柔性反应器的流体混合强化［J］. 化工进展，2019，38（2）：826- 833.

［38］侯哲生，佟金. 蠕动发酵罐的仿生耦合设计［J］. 农业机械学报，2007，38（6）：100-102.

［39］马海乐，骆琳，任晓峰，等. 梯度稀释补料酶膜耦合反应及用于鱼鳞胶原蛋白多肽制备（ZL 201010253292. 1）［P］. 中国发明专利，2012. 12. 19.

［40］王中斌. 酶解-膜分离耦合制备鱼鳞胶原蛋白抗氧化肽的研究［D］. 江苏大学硕士学位论文，2010.

［41］王珂. 玉米胚芽ACE抑制肽超声辅助酶解和酶膜耦合制备技术研究［D］. 江苏大学硕士学位论文，2018.

［42］龚洋. 梯度稀释补料酶膜耦合反应制备牛奶蛋白ACE抑制肽的研究［D］. 江苏大学硕士学位论文，2016.

第五章

食品仿生分离技术

第一节　动植物对小分子成分的吸收富集过程

生物膜在物质的输送、浓缩和分离上的能力令人惊叹。动植物都在小分子物质的吸收或富集上有强大的功能，除了我们高度关注的人肠道的吸收能力之外，人体内颈部气管两旁甲状腺的腺泡细胞对于碘也具有很强的选择性摄取、浓缩和运转能力。而海带对碘超强的富集能力是植物吸收小分子物质的典型代表；大肠杆菌作为微生物，可以使其细胞内乳糖的浓度比周围环境高出五百倍等。动植物对小分子物质的吸收富集行为与食品工业中的分离操作比较类似，但是目前对动植物的吸收富集行为研究还比较欠缺，因此非常有必要从食品分离的角度重新深入地研究动植物对小分子成分的吸收富集行为及其特征，从而支撑食品分离仿生技术的发展。

一、肠道对营养成分的吸收过程

肠道对营养成分的高效吸收，主要借助的是长在回肠和空肠中分泌黏液的黏膜向管腔突起所形成的皱褶和绒毛，消化分解后的简单物质都是通过绒毛的上皮细胞被吸收进入绒毛的毛细血管和乳糜管中。肠道强有力的吸收能力，至少源于如下三方面的原因[1]。

1.肠道主动吸收功能

肠道绒毛是长在肠内壁上微小、柔软、好像毛发的突起（图5-1），其吸收功能借助所谓的渗透作用。营养成分渗入绒毛表面，这是因为营养成分在绒毛细胞外的浓度大于细胞内浓度，但在吸收后期，绒毛细胞内营养成分的浓度反而比小肠内浓度高，大部分营养成分还是会从低浓度渗向高浓度处，这与物理定律不符。研究这种现象的科学家称此为"逆向渗透"或"主动吸收"。这种"主动吸收"过程与食品加工中的反渗或超滤技术非常相似，但其工作机制至今尚未揭开。

2.肠道复杂、超大的吸收表面

肠道有着结构复杂、卷曲不平、面积超大的用于营养成分吸收的内表面。肠道内表面的形成有三个阶段（图5-2）[2] ①组织向内凹；②从内凹的薄片状卷曲面上长出较小的绒毛突起（大约以25个/mm²的分布率生长）；③从绒毛上再生长出一些更小的结构，即亚细胞微绒毛，其长度约1μm。最终有效面积增长系数1)达到约600。

肠道内表面经过高度分化形成复杂的超大吸收表面的过程，极其类似于科契雪花曲线的形成过程，具有典型的分形特征（图5-3）。对比前人化学活性表面的分形研究[3]，这类

---

1)　面积增长系数=最终的面积/初始面积。

复杂的表面可视为分维数[1]介于2与3之间的客体。由于肠壁表面结构的复杂程度极高，表面有很多很细的凹凸和雏褶，所以估计其分维数非常接近3。因此不能视肠壁分离吸收营养成分发生在一个二维的表面上，而应视其发生在一个近于三维的体相之中，因此导致分离效率极高。

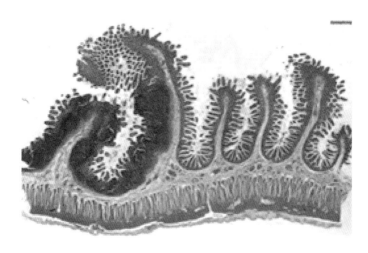

图5-1　肠道绒毛

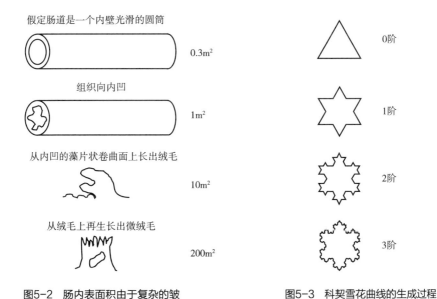

图5-2　肠内表面积由于复杂的皱褶和微绒毛的形成而增加[2]

图5-3　科契雪花曲线的生成过程

---

1)　分形理论是当今世界十分风靡和活跃的新理论、新学科。将部分与整体以某种方式相似的形体称为分形。分形理论将维数视为分数，这类维数是物理学家在研究混沌吸引子等理论时需要引入的重要概念。为了定量地描述客观事物的"非规则"程度，1919年，数学家从测度的角度引入了维数概念，将维数从整数扩大到分数，产生了分维数的概念，从而突破了一般拓扑集维数为整数的界限。

不同的动物增加肠道吸收面积的方法不同：七鳃鳗沿肠管有螺旋状的黏膜褶（称为螺旋瓣）伸入肠腔内，称盲沟（图5-4）。依靠螺旋瓣来增加肠道表面积是较古老的一种方式，如鲨鱼、银鲛、非洲肺鱼、鲟鱼等。现代陆生四足类都不再保留螺旋瓣的结构。硬骨鱼类没有螺旋瓣，但是某些硬骨鱼类（如鲈鱼）具有幽门囊（pyloric cecum）[1)]。在通过肠道内的皱褶和绒毛增加对营养成分吸收的面积的同时，多数脊椎动物还依靠增加肠道的长度来增加营养成分的吸收面积，一般植食性的动物肠道较长，肉食性的动物肠道较短。犬和猫的肠道长度仅相当于其体长的3~4倍，而兔的肠道是其体长的10倍，羊的肠道达到其体长的20倍。

3. 高效的自洁功能

污染、堵塞一直是困扰全球膜分离产业发展的难题，肠道之所以运行几十年，甚至上百年都不会发生堵塞现象，主要是源于其高效的自洁功能。肠道的自洁功能至少源于如下两方面原因。

（1）肠道绒毛无休止的有规律的蠕动，使得绒毛表面难以形成浓差极化层或积污层，即使已经形成，也会因肠道绒毛无休止的蠕动所形成的非牛顿消化液和食物流体有规律的冲击而被破坏。

（2）肠道绒毛底部有肠腺分泌的肠液不断排出，一则可大大促进消化的进行，二则也在不断从反向冲洗绒毛表面，使积污层无法形成，从而保证了绒毛对营养成分有极高的分离效率。

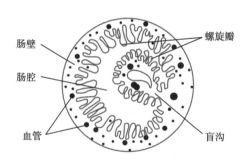

图5-4　七鳃鳗肠管截面图

二、海带对碘的吸收机制

海带对无机元素和一些有机物质的吸收，有主动吸收和被动吸收两个过程。主动吸收是耗能的过程，与代谢作用紧密相关。海带对碘的吸收能力非常强大，其体内碘的浓度可比海水中碘的浓度高出千倍以上。Shaw（1959）认为首先是在藻体表面酶的作用下，I^-被氧化成I_2，接着分子碘被水解成HOI，进而扩散透过藻体的细胞壁[4]。海带累积的[131]I，80%以上是以无机碘化物的形式存在，其余的[131]I会被合成单碘酪氨酸和双碘酪氨酸[5]。按Shaw的说法，海带对[131]I

---

1)　幽门囊指硬骨鱼类附属在小肠起始部位的小盲囊。

的吸收主要是在酶作用下的主动吸收过程。

　　李永祺[6]采用不同光线条件照射不同的海带，测定放射性强度，用来表征海带对[131]I的吸收量。发现经蒸汽灭酶处理的海带其放射性强度要比光照条件下低约20倍，这意味着灭酶后的海带对[131]I的吸附能力是很弱的。这一结果进一步说明了酶作用下的主动吸收是海带对碘吸收的主要驱动力。

　　根据在一昼夜期间海带对[131]I的吸收情况推测海带对[131]I的吸收可能与光照、潮汐的涨落有关。曾有人报道，海带中碘的含量随着海带浸泡在海水中的深度增加而提高[7]。海带被海潮带到浅水水域，由于有潮汐运动，海水中碘的含量变化势必会影响海带对碘的吸收。海带对碘吸收的节奏性问题，是一个颇有意义的生理学问题。

第二节　食品膜分离过程的仿生设计

　　动植物对小分子成分的吸收分为"主动吸收"和"被动吸收"。主动吸收与被动吸收的主要区别有两点：主动吸收就是主动运输，主动运输需要能量和载体，可以跨浓度梯度运输；被动吸收有滤过、渗透、简单扩散和易化扩散，除易化扩散外都不需要载体，但都是顺浓度梯度运输的，即靠渗透压来运输，但都不消耗能量。

　　模拟生物体的吸收，也应当包括对"主动吸收"和"被动吸收"两种行为的模拟，但是对主动吸收模拟的难度很大，以目前的科技水平来看，模拟能力不足。以下仅以肠道对食物营养成分的吸收过程中如何克服吸收通道堵塞为例，进行膜分离技术的仿生设计分析。

　　上一节的分析认为，复杂的吸收表面特征、高效的自洁能力是小肠具有高效吸收能力的关键，对其模拟应当是实现食品膜分离过程仿生设计的关键。目前的研究主要集中在对自洁能力的模拟上。

一、对肠道正向冲洗自洁功能的仿生设计

　　我们知道，肠道的蠕动，一方面会通过带动绒毛连续的摆动，将富集在绒毛表面的极化层和污染物甩掉；另一方面会通过促使肠液有规则的运动，冲刷绒毛表面，以达到自洁的目的。

　　在众多模拟肠液冲刷绒毛表面来减少极化层和污染物的尝试中，美国专利43968174号所描述的"渗透膜分离方法及装置"[8]效果较好。该装置（图5-5）使含有溶质的溶液通过一管壁为半渗透膜的输送管，借助于在输送管内设置的一系列纵向延伸的薄片状弯曲件，通过弯曲件的旋转分流，使溶液各部分按照拟定的顺序和方式不断地冲向和抽离半渗透膜壁。结果，即便是雷诺数较小或中等的液体，在筒式半渗透膜内壁表面上形成的浓差极化层仍会被不

断地除去，而其他部分液体又被不断地输送到该半渗透膜上，由此浓差极化显著降低，从而改进了该系统的分离效率。这种方法看来跟肠道绒毛无休止地规则运动产生的效果十分接近。

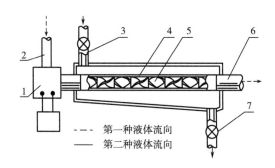

图5-5　渗透膜分离装置

1—泵　2、3—进入管　4—空心管（半透膜材料构成）　5—薄片状弯曲元件　6—输出管　7—控制阀

南京工业大学膜科学技术研究所模拟人体中肠液的流动，开发出基于气液两相流强化分离的新型陶瓷纳滤膜装备（图5-6）[9, 10]。其主要原理是通过压缩机形成高速射流

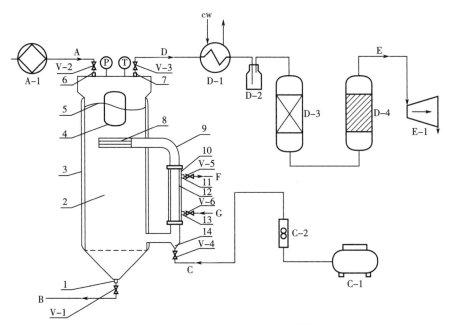

图5-6　气升式膜过滤成套装置示意图[10]

A—原料液　B—浓缩液　C—压缩气体　D—气提高压尾气　E—净化高压尾气　F—渗透液
G—反冲压缩气体　1—卸料口　2—釜体　3—水浴夹套　4—视窗　5—液位控制器　6—进料口
7—排气口　8—气体分布器　9—循环管　10—膜组件　11—滤液出口　12—膜元件
13—反冲压缩气体进口　14—曝气头　A-1—供料泵　C-1—压缩气源　C-2—气体流量计
D-1—尾气冷凝器　D-2—气液分离罐　D-3—吸附柱　D-4—干燥器　E-1—能量回收器
V-1、V-2、V-3、V-4、V-5、V-6—阀门

的气体，带动液体循环，形成气液两相流，借助气液两相流的冲击力，降低浓差极化带来的膜通量衰减，由于气体密度远低于液体密度，因此能大幅降低过程装备的能耗。目前该装备已被用于化学工业领域的废水处理过程，能耗较传统的纳滤分离设备降低40%以上。

二、对肠道反向清洗自洁功能的仿生设计

受肠道绒毛底部肠液不断排出反向冲洗绒毛的启发，考虑是否可以设计出一种如图5-7所示的概念膜[11]，使反应助剂A不断从膜的夹层中排出，以冲击和破坏将要形成的结构膜或极化层，以实现自洁的目的。

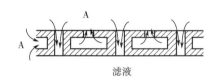

图5-7　概念滤膜

利用这一原理，有研究者设计出利用透过液间歇性地反向冲洗膜表面的系统。通过计算设定并控制转换阀自动切换，在正向过滤一定时间之后，关闭原料液进入阀，打开反向冲洗阀，利用透过液反向冲洗过滤膜，清洁膜毛细管通道和膜表面的污染物和极化层。这种设备一方面采用错流过滤，由于有较高的膜面流速，可减少污染物在膜表面的积累，提高了膜的通量；另一方面利用在线程控反向冲洗，实现了膜的不停机再生，显著提高了膜动态清污的效率。

图5-8所示为江苏久吾高科技股份有限公司利用仿生学原理研制的具有反向冲洗自洁功能

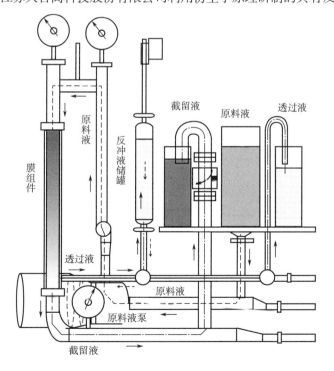

图5-8　具有反向冲洗自洁功能的膜分离装备

的膜分离装备。原料液从膜组件的上部进入膜管，经过膜分离之后，透过液从下部管壁排出，其中一部分被送入反冲液储罐。该装备可通过阀门定时自动切换的方式，停止过滤，利用反冲液储罐中的透过液对膜进行反向清洗。

参考文献

［1］范少光，汤浩. 人体生理学［M］. 北京：北京医科大学出版社，2006.

［2］李后强. 分形与分维［M］. 成都：四川教育出版社，1990，54-60.

［3］李后强. 酶模型的研究进展［J］. 大自然探索. 1993，12（3）：14-19.

［4］Shaw T I. The mechanism of iodine accumulation by the brown sea weed *Laminaria* digitata, The uptake of ^{131}I［J］. Proceeding of the Royal Society，1959，150（940）：356-371.

［5］Roche J，et al. Fixation of radioactive iodine by（marine）algae，iodinated constituents of *Laminaria*［J］. Compt，Rend Soc. Biol.，1952，146：642-645.

［6］李永祺，胡增森，朱永新，等. 海带对^{131}I吸收的研究［J］. 水产学报，1985，9（4）：339-351.

［7］Black W A P. Seasoal variation in chemical constitution of some common British laminariaks［J］. Nature，1948，141（4803）：174.

［8］美国专利，申请号43968174，《半透膜分离方法与装置》，译文见《油料作物机械》，1988. 1（内部发行），烟台地区农机研究所.

［9］Mei H W，Xu H，Zhang H K，et al. Application of airlift ceramic ultrafiltration membrane ozonation reactor in the degradation of humic acids［J］. Desalination and Water Treatment，2015，56：285-294.

［10］景文珩，石风强，邢卫红，徐南平. 一种气升式膜过滤成套装置（ZL201010222881. 3）［P］，中国发明专利. 2012.

［11］马海乐. 食品工程仿生学与食品工程［J］. 食品科学，1990，（5）：1-5.

第六章

食品仿生合成技术

第一节 概述

随着资源短缺、环境恶化、食品安全等问题的加剧，通过人工培养的方式，进行食品原料合成的研究越来越得到世界范围内的重视，成为了学界研究的热点。畜牧业每年排放的温室气体（GHG）总量已经达到7.1亿t二氧化碳当量，几乎占到全球排放量的15%，与全球交通运输业尾气排放量相当。在"碳达峰、碳中和"的大背景下，对动物源食品原料的人工合成赋予了新的意义。

为了解决上述问题，"细胞农业"（cellular agriculture）应运而生。细胞农业是指从细胞培养物中生产农产品，这项技术可能会彻底改变动物性农产品的供应链，为不断增长的人口可持续地提供价格合理的食品。目前备受关注的细胞培养人造食品就属于细胞农业的范畴。

人造食品的总体技术路线是构建细胞工厂，实施颠覆性技术路线，以车间生产方式合成肉、蛋、奶、糖、油等，使之具有营养与经济竞争力，从而满足人们日益增长的对动物源食物的需求，缓解农业压力[1]。相比于传统食品制造，基于细胞工厂种子的人造食品制造能够将土地使用效率提高1000倍，每吨粮食可节约用水90%以上，并且生产过程不需使用农药化肥。人造食品主要包括"人造肉""人造蛋"和"人造奶"。

美国ClaraFoods科技公司通过酵母细胞工厂构建、发酵合成卵清蛋白，是利用生物合成技术创制动物蛋白的范例[2]。

美国PerfectDay公司分析了牛乳中20种对人体有益及重要的原料，以合成生物技术组装酵母细胞，实现发酵合成6种蛋白质与8种脂肪酸。在对合成的蛋白质和脂肪酸分离纯化后再加入钙、钾等矿物质及乳化剂完成最后的加工，口味和营养可与天然牛乳相同，并且不含胆固醇和乳糖[3]。2019年夏天，Perfect Day 正式上线了三种口味的无奶冰淇淋——香草咸软糖味、牛奶巧克力味和香草黑莓太妃糖味。该公司的主要技术经过了五年的实验室研发过程，通过转基因酵母代替牛乳，添加了利用生物合成技术3D打印出的DNA序列，通过发酵过程制造出酪蛋白、乳清蛋白和乳球蛋白等。据测算，相比于传统牛乳生产方式，"人造奶"生产将减少98%的用水量，91%的土地需求，84%温室气体的排放，并节约65%的能源。

2018年，全球肉类产量为2.63亿t，预计到2050年将增加近1倍，达到4.45亿t。而饲料价格的上扬将会导致肉类价格更高，传统畜牧业会供不应求。作为一种战略需求，荷兰科学家Mark Post经过6年的研究于2012年推出了世界上首例人造细胞培养肉[3]。除了动物性产品之外，近些年对植物性产品的仿生合成也开始受到重视。2021年9月芬兰国家技术研究中心（Technical Research Centre of Finland）植物生物技术负责人Heiko Rischer博士利用从真实植物中获取细胞，将这些细胞转移到生物反应器中，然后从中收获生物质。细胞被干燥和烘烤，然后就可以冲泡咖啡了。该团队生产出了第一杯生物合成咖啡，Rischer说它的气味和味道与普通咖啡相似。2021年9月中国科学院天津工业生物技术研究所马延和团队报道其人工合成淀粉的研究工作。该团队以CO_2和H_2作为原料，采用一种类似"搭积木"的原理，通过耦合、化学催化和生物催化模块体系，通过11步反应实现了CO_2到淀粉的转化。在化学酶系统中，人工淀粉合成途径（ASAP）在氢的驱动下，CO_2会以每分钟22nmol/L的速度转化为淀粉，比玉米中合成淀粉的速度高约8.5倍。这一途径为今后利用CO_2合成化学–生物杂化淀粉开辟了道路。

自从细胞工程出现以来，人们就开始了大范围合成动植物中营养成分的活动，例如通过液体发酵的方法，可以工业化生产食用菌多糖。但是要在体外获得与动植物类似的组织结构，仍然是一件很难的事情。"培养肉"在多个国家的成功研制，大大增加了人类学习自然、模拟自然的信心。

第二节　细胞培养肉

一、细胞培养肉的研究概况

细胞培养肉的研制至少有三方面原因：①肉类需求剧增，饲料作物用地不足；②大规模饲养家畜对环境污染严重；③动物福利与公共健康。1960年，全球消费了4500万t肉类（牛肉、猪肉和鸡肉）。近年来，由于城市化进程加剧、中产阶级崛起和富裕程度提高，对肉类的需求急剧增加。与传统肉类生产相比，体外肉类生产具有经济、健康、动物福利和环境优势。以牛肉的生产为例，饲养1头500kg的牛，每天只能合成0.5kg蛋白质，但培养500kg的活细胞每天却可以合成多达1000kg以上的蛋白质[4]。此外，细胞工厂的生产方式不仅可以解决传统农业中激素、抗生素、农药残留的问题，还可以节省75%的水，减少87%的温室气体排放，需要的土地面积也将减少95%。因此，以细胞工厂为基础的人造肉制品将成为未来农产品生产的发展趋势[5]。

早在1930年左右就曾有学者提出细胞培养肉的概念，但真正开始研究、利用动物细胞培养肉是在21世纪的初期[6]。2009年，荷兰马斯里特赫特大学（University of Maastricht）的生物学家利用成肌细胞培养出几片猪肉，但该猪肉无肌红蛋白，故肉色发白且无脂肪。2011年，美国南卡罗来纳医科大学（Medical University of South Carolina）的科学家已经能够用动物细胞在试管中培养出可食用的肉类。2012年，荷兰马斯里特赫特大学研究干细胞的生物学家Mark Post在实验室中培养出了试管牛肉，无论是外观、质感和口感都与真正的牛肉没有太大差异。2013年，科学家们通过生产世界上第一个体外肉类汉堡，在体外肉类生产领域跨越了一大步。汉堡包含5oz（141.75g）细胞培养肉馅饼，由伦敦河滨工作室（Riverside Studios）感官小组烹制和品尝。研究人员使用从牛肩上采集的干细胞，在实验室里花了3个多月的时间，"种植"出价值超过33万美元的牛肉。感官小组成员说，汉堡的味道"几乎"与传统的一样。这一事件引起了人们的关注，期望可以在未来几年内看到超市货架上的养殖肉类和肉类产品[5, 7]，目前这一目标正在逐渐实现。迄今为止，细胞培养肉的研发工作主要集中在欧美等发达国家和地区，超过30个研究团队正致力于在实验室中制造出肉类产品。

Mosa Meat、Memphis Meats、Super Meat和Finless Foods等初创公司已经开始研发人造牛肉、猪肉、鸡肉和海鲜，并且该领域吸引的投资已达上千万美元。例如，Memphis Meats公司成立于2015年，旨在以人造肉技术迎合市场大量的肉类消费需求，2016年2月Memphis Meats研制出全球首个人造牛肉丸（图6-1），2018年共募得1700万美元，投资者包括比尔·盖茨以及嘉吉公司等大型农业公司[8]。Mosa Meat公司称，从1头牛身上提取的1份组织样本可以培育出80000份0.25lb重的汉堡肉，如图6-1所示。Memphis Meats 2019年报道称，0.25lb人造牛肉的成本约为600美元。据英国广播公司（BBC）报道，荷兰的Mosa Meat、美国的Memphis Meats与Modern Meadow和以色列的Supermeat等公司在进行相关工作。这些公司的细胞培养肉制作过程是不公开的，但它们声称能够制作出猪肉、鸡肉和牛肉等，并且已经开展了小规模的私人口味测试。与此同时，有几个生产商家宣称将在未来五年内，面向市场销售细胞培养肉[9, 10]。2020年，美国Eat Just公司生产的全球首例"细胞培养鸡肉"被新加坡食品局（SFA）批准在新加坡出售。尽管如此，细胞培养肉距离商业化仍存在一定距离，不仅存在技术上的难题，伦理道德、食品安全以及消费者的接受程度等均应被考虑[11]。

图6-1 Memphis Meats研制出的全球首个人造牛肉丸[8]

南京农业大学国家肉品质量安全控制工程技术研究中心周光宏教授团队于2019年11月21日宣布生产出我国第1块肌肉干细胞培养肉（图6-2）[12]。他们使用第6代猪肌肉干细胞，经过20d的培养，得到重达5g的细胞培养肉。周光宏介绍，这次研发出的细胞培养肉通过食品化处理可以形成与天然猪肉肉糜类似的质构、颜色等食品品质。2019年11月21日，中国农学会组织专家对该成果进行了技术评价，认为该成果有3个突破：一是首次分离得到高纯度的猪肌肉干细胞和牛肌肉干细胞，突破了细胞培养肉研究难以获得高纯度单一细胞群的瓶颈；二是创立了猪和牛肌肉干细胞体外培养干性维持方法，初步解决了传代过程中细胞增殖和分化能力衰减的难题；三是研发出我国第1块肌肉干细胞培养肉产品，使我国跻身于该领域国际前列。

图6-2　我国第1块肌肉干细胞培养肉[12]

二、细胞培养肉制备的关键技术环节

近年来，国内外关于细胞培养肉制备技术的研究越来越多，基本的技术路线如图6-3所示。

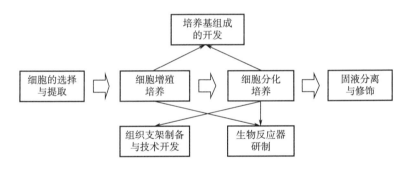

图6-3　细胞培养肉制备技术研究的基本路线

（一）细胞的选择与提取

细胞培养肉制备的第一步是获得进行培养的动物干细胞，干细胞是一类具有自我复制能力的多潜能细胞，是进行下一步培养的种子细胞。基本方法是：首先选择合适的动物，采集其肌肉样本；再分离肌肉样本中的干细胞，包括肌肉细胞和能够被编译为成肌肉细胞的多能干细胞[9]。

可以用于细胞培养肉规模化生产的种子细胞包括胚胎干细胞（embryonic stem cell，ESC）、诱导多能干细胞（induced pluripotent stem cell，ESC）、间叶干细胞系、肌卫星细胞肌肉干细胞（muscle stem cell，MuSC）、间充质干细胞（mesenchymal stem cell，MSC）和其他底盘细胞等。胚胎干细胞虽可做到无限增殖，但获取困难，培养成本高，且定向分化成肌肉细胞有不确定性，目前很少使用。诱导多能干细胞有公司在研究使用，但除了获取稍微容易一些，也存在与胚胎干细胞同样的问题；此外，它还可能会被贴上"转基因"的标签，在监管上受到更多限制。间叶干细胞和肌卫星细胞相对易得，其中肌卫星细胞还会自动融合成肌小管，分化成肌纤维，是最具潜能的种子细胞，唯一不足是其在自然状态下仅分裂30~50次[13-15]1) 就会出现干性损失1)等指标退化现象。通过基因工程或生物化学手段使其永久保持分裂能力而不影响食用价值[16-20]是种子细胞研究的方向之一。

（二）培养基的组成及其筛选技术

生产细胞培养肉的培养基由糖类、氨基酸、油脂、维生素、矿物质等组成，在细胞生长的不同时期还需要添加一些生长因子，例如在细胞分化期常加入动物血清或鸡胚提取物，因为它们含有激素、脂肪酸、微量元素、胞外囊泡等多种生长因子[21-24]。由于含血清等动物源成分的培养基会产生污染、重复性差以及监管等方面的问题，因此开发无动物源成分的培养基是目前的研究热点[25]。细胞农业所用培养基十分昂贵，尚不能用于大规模生产，因此获得廉价培养基是细胞农业亟须解决的问题。现在研究人员开发出了一种多孔微流体装置，通过并行处理成百上千个不同组分的培养基并采用自动图像分析技术，能极大地加快培养基的筛选及研发过程[26]。

（三）细胞增殖培养

获得种子细胞后，细胞培养肉的生产主要分为扩增和分化两步。

扩增阶段的目的是获得最大数目的细胞，即使细胞倍增最大化。目前，肌卫星细胞分离培养的倍增数可达20。更高的倍增数通过延迟分化实现，因此更多的研究集中在确定分化的机制上。重大的进展是在收获细胞时，通过酶处理和剪碎骨骼肌纤维以保持肌卫星细胞的增殖能力。用层黏连蛋白和IV胶原涂抹培养皿底面模拟基底膜，发现其对肌卫星细胞的增殖有一定影响[27]。此外，还有其他蛋白质或信号通路完成调控分化，如TGFβ1、Pax7、Notch和Wnt[28]。其中，生物调节因子可用于延迟分化、促进增殖。

（四）细胞分化培养

当生产足够多的干细胞后，下一步就是使其分化为骨骼肌细胞，并使其经历肥大过程而合成大量的蛋白质。骨骼肌细胞将融合形成肌管，并表达早期骨骼肌的标志基因（*MyoD*、*MyoG*和*MHC*）。细胞肥大的关键是代谢性的、生化性的和机械性的综合刺激。显然，机械性刺激对于促进蛋白质合成至关重要。机械性刺激使肌肉具有典型的条纹状纤维形态学特点。通常这些骨骼肌细胞在胶原里或者黏附于可降解的生物支架上。在此条件下，细胞结构

---

1) 细胞干性指干细胞的特征，干性损失即失去干细胞特征的程度。

或生物人造肌肉被锚定在细胞培养皿中以刺激肌腱形成。因此，进行生物支架的研究非常重要。生物支架可以是珠子，也可以是阵列排布的大弹性片或长细丝。生物支架在细胞培养过程完成后其可食用性和可被人体降解的途径设计很重要。生物支架使需贴壁生长的动物细胞可以像传统微生物细胞一样悬浮培养，降低了规模化放大培养的难度[29]。

目前大多数成功制成的肉制品都是在动物来源的胶原蛋白支架上生长的，因其更接近肌肉的天然生长环境。为了生产高度结构化和组织化的细胞培养肉，需要采用灌注法制备具有立体网络通道的支架，从而使液体能在整个网络组织中流通灌注。例如，研究人员采用3D打印机制成的灌注网络支架能维持六周的细胞培养[30-32]。

（五）反应器的设计

由于细胞培养分为扩增和分化两个阶段（图6-4），因此细胞培养肉的规模化制备也需要使用不同反应器进行扩增和分化[13]。扩增反应器可长时间运行，间歇为多个分化培养反应器提供种子。

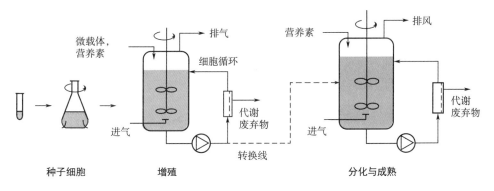

图6-4 细胞培养肉大规模生产流程示意图[13]

van Eelen等乐观估计，2.5L的反应器可扩增出10^9个肌肉细胞，相当于细胞浓度为4×10^5个/mL[33]。分化后的细胞7d能长到直径约15μm、长30μm[34]，生肉密度按1g/cm³计算，每个细胞质量约为5.3×10^{-9}g，2.5L反应器每周只能生产5.3μg，作为食品是远远不够的。高密度培养时，中华仓鼠卵巢细胞浓度可达$(1~2) \times 10^8$个/mL[35, 36]，是上述数据的250~500倍，但也仅有5.3~10.6g/L，是传统微生物发酵生产生物量的1/8~1/3[13]。

根据化工过程放大常用的经验公式，反应器设备成本与其体积的0.6次方成正比，而其产量与体积成正比。反应器体积放大100倍，单位产量的设备成本就会降低到原来的15.8%[13]。细胞培养肉若要大规模推向市场，反应器的体积及培养密度还需在目前动物细胞培养的基础上提高一个数量级，至少达到微生物培养的一般水平。

（六）固液分离与修饰

细胞培养成熟后可通过沉降、离心或差速离心等方式进行固液分离，再通过修饰使最终产品更接近肉的外观与口感。在使用支架悬浮培养时，还需酶处理（主要是胰蛋白酶）将肌肉细胞从支架载体上分离下来[37,38]。

三、细胞培养肉制备的难点与发展方向

尽管细胞培养肉的研究得到了国内外科学家和产业界的高度关注，但是目前在技术上尚存在很多难题需要攻克，主要表现在规模化培养技术的突破、工业化反应器的研制、食用安全性的评估与控制和伦理道德等多个方面。

（一）细胞培养肉的生产流程

根据肌肉细胞生长的生物学过程以及肌肉的理化、加工特性，细胞培养肉生产的第一要务就是生成大量的肌肉细胞及蛋白质。细胞培养肉生产的产业化方案如图6-5所示[39]。首先需要分离获取、胚胎干细胞、诱导多能干细胞、间叶干细胞系、肌卫星细胞、肌肉干细胞、间充质干细胞和其他底盘细胞等种子细胞，种子细胞需要具有可诱导的肌源性（脂源性）细胞的可能；然后，通过生物反应器扩大培养，实现种子细胞的大规模增殖；再利用分化模具、生物反应器或3D打印的方法大规模生产肌肉组织；最后利用食品化加工技术制作出细胞培养肉产品。

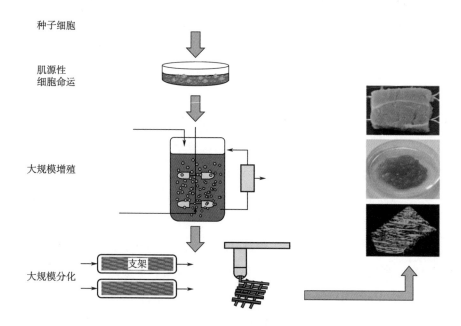

图6-5　细胞培养肉生产的产业化方案

利用现有的技术方法，可以实现细胞培养肉的小规模实验室生产，然而，要实现细胞培养肉低成本、高效率和产业化生产仍有很多技术难题需要攻克，面临着诸多难点。

（二）系统模拟肌肉生长的问题

系统模拟肌肉生长目前还存在一些问题：一方面，传统动物肉的肌肉组织不仅是由成肌肉细胞组成，还存在一些神经、血液和脂肪细胞，在促进肌肉细胞的形成、保障肉的品质方面有着重要的作用，但目前细胞培养肉的制备仅仅是模拟了成肌细胞的形成过程，细胞培养肉中神经、血液和脂肪细胞仍缺乏或者存在比例极低；另一方面，动物被屠宰后会失去氧气供应，肌肉中的糖会分解成乳酸降低肌肉的pH，从而激活一系列酶，酶会使得肌肉内蛋白质得到分解促进肉的嫩化，这也是动物肉后熟的过程之一，目前细胞培养肉尚未出现此过程[9]。

因此，目前的工作与尽可能系统地模拟肌肉的生长过程尚有很远的距离。

（三）规模化培养技术的突破

从目前的现状来看，在实验室制备出少量的细胞培养肉在技术上是可以实现的，但是还存在着色泽、弹性、风味等品质上的问题，以及产量低、成本高等技术难题。

1. 细胞培养肉品质的提升

我们知道，细胞培养肉的收缩由大量的肌肉蛋白来控制，但其纹理、颜色和味道由其他蛋白质决定。一种特别重要的蛋白质就是肌红蛋白（Mb），也称血红蛋白（Hb），是在红细胞中由亚铁血红素与蛋白质结合而成的复合蛋白质。肌红蛋白部分决定了肉的粉红色，因为它是铁的载体，它的存在也将影响肉的味道。肌红蛋白的转录调控已比较清楚，涉及转录激活肌细胞增强因子α（MEF2）、活化T细胞核因子（NFAT）/钙调磷酸酶和过氧化物酶体增殖物激活受体-α共激活因子1-α（PGC-1α）[40]。在缺氧条件下肌肉的收缩将最大限度地刺激肌红蛋白。因此，在组织工程层面尚需要加大研究，使得细胞培养肉的色泽、弹性和风味更加接近传统肉。

2. 细胞培养肉成本的降低

细胞培养肉若要大规模推向市场，反应器的体积及培养密度需在目前动物细胞培养的基础上提高一个数量级，至少达到微生物培养的一般水平。细胞浓度提升后，营养物质的补充和代谢废物的排放速率也要相应提高。

高密度、大规模培养时，除营养物质、生长因子等需快速补充、代谢废物需快速排泄外，足够的O_2供应和CO_2排放对反应器要求更高。传统的实验室培养由于传质系数较低，O_2的供给不能满足培养的需要。Chotteau实验室在进行高密度培养时，不得不使用纯氧提供高于空气8倍以上的传质动力[41,42]。但是，在工业规模生产中，从过程安全考虑，使用纯氧的危险系数很高，符合防爆标准的设备成本比使用空气高5倍以上。因此，提高传质效率是降低细胞培养肉生产成本的关键。

（四）工业化反应器的研制

适宜于规模化生产的工业化设备的研制是细胞培养肉生产最为重要的技术瓶颈，大型反应器内温度、pH、溶氧、营养物质的传输、代谢废物的积累（包括CO_2）都会出现不均一的情况[13]，因此工业化反应器研制的重点是提高传质效果，其突破的路径有两个：一是支撑载体的设计，二是高溶氧系统的设计。

1. 支撑载体的设计

要想生产出高度结构化的细胞培养肉（如整块牛排），需要采用"三维支架+灌注"式反应器。然而，随着"三维支架+灌注"式反应器内流动速度的增加，灌注营养液产生的阻力会升高，甚至会在某些区域超出细胞的承受力而造成细胞死亡。对于大型"三维支架+灌注"式反应器来说，采用低灌注流速时，其内部溶氧、温度、pH以及营养物传输和代谢废物的积累均会出现不均匀的状况，而高灌注流速会导致剪切应力过高对细胞造成伤害[13]。因此，"三维支架+灌注"反应器的工程放大设计是细胞培养肉产业化所面临的重要问题[21]。

2. 高溶氧系统的设计

如前所述，纯氧培养会提高反应器的防爆设计标准。因此，如果能显著提升反应器的传质系数，则可避开使用高压或纯氧带来的负面作用，降低能耗和生产成本。基于微气泡发生装置的生物反应器[43]用于甲烷、CO等气体发酵时，传质系数可达$3000\sim6000h^{-1}$。即便是细胞培养浓度在目前的基础上再提高一个数量级，也可在常压下仅用空气就能满足需氧量，且由于空气中大量的氮气存在可能不会造成CO_2分压过高。但在产生微气泡时剪切应力较高，需要修改防爆设计标准才能用于动物细胞。现阶段技术成熟且较易用于细胞培养肉规模化生产的反应器有搅拌釜反应器和气升式反应器（图6-6），在目前能达到的细胞浓度下，反应器体积到数千立方米仍能保证无菌操作[44]。

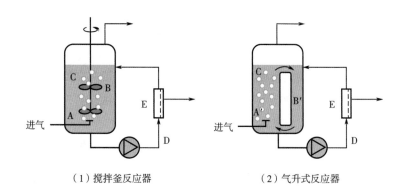

（1）搅拌釜反应器　　　　　　（2）气升式反应器

A, A′—高溶氧区域　　A, B, E—高剪切力区域　　B′, D—低溶氧、高CO_2分压区域　　C—低溶氧区域

图6-6　搅拌釜反应器与气升式反应器中培养环境分区示意图[13]

　　不过，目前进行反应器放大设计的难点在于针对细胞代谢的反应动力学特性，平衡快速混合的需求与细胞对剪切应力、溶氧梯度、CO_2分压等环境参数的耐受性之间的矛盾。例如，如果局部溶氧（DO）过高会抑制酶促反应。不管是搅拌釜反应器和气升式反应器，反应器底部的进气口附近溶氧最高，顶部溶氧最低。为了降低溶氧梯度，在反应器的设计上可以采取多处进气的设计[13]，如图6-7所示。

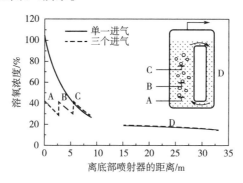

图6-7　单级或三级进气气升式反应器中不同区域（A~D）溶氧浓度分布[13]

（五）食用安全性与伦理道德问题

1. 食用安全性及其风险评估问题

　　细胞培养肉的食用安全性问题一直是一个焦点。例如，细胞大量繁殖，可能会引起细胞遗传不稳定，导致有害细胞的产生。虽然这些细胞在食用前会死亡，并且都会被胃和肠道消化，但这对消费者来说是一个敏感问题。干细胞通常在含有一些营养素和动物血清的培养基中进行培养，而该血清的成分尚未明确，在工业化生产时需明确培养基以及其他营养素无菌且对人体无害。因此，随着细胞培养肉生产技术逐渐走向成熟，需要政府进行细胞培养肉生产的风险防范、安全管理、市场监管等法律法规的制定。

　　美国食品与药物管理局（FDA）以及加拿大卫生部已经开始考虑如何对细胞培养肉进行监管。对于细胞培养肉的评估应建立在不受外界干扰的独立的基础上，并将其制造和生产中涉及的多种因素纳入考虑范围。细胞培养肉主要存在着三方面的风险因素[13]：①生产过程中使用的无食品史的组分；②生产过程中所使用的新工艺；③对于细胞培养肉所进行的基因工程改造。

2. 伦理道德问题

　　任何先进的科学技术都有可能被人类滥用。一旦细胞培养肉获准开发，就会有人利用干细胞技术制造各种珍稀动物的肉，而抽取干细胞的过程也可能伤害受保护的物种[45]。从伦理角度来看，细胞培养肉的生产存在违反自然规律的风险，需要认真研究。

第三节 淀粉的仿生合成

2021年9月中科院天津工业生物技术研究所马延和团队在《科学》(*Science*)上发表文章[46]，报道其以CO_2和H_2作为原料模拟植物人工合成淀粉的研究工作。

一、人工淀粉合成途径的设计原理与模块化组装

该研究工作采用一种类似"搭积木"的方式，通过模块化组装和替换的策略，利用化学催化剂将高浓度CO_2在高密度氢能环境下还原为一碳（C1）化合物；然后根据化学聚糖反应原理设计了碳一聚合新酶，将一碳化合物聚合成三碳（C3）化合物；最后通过优化生物途径，将三碳化合物聚合成六碳（C6）化合物，再进一步合成直链和支链淀粉（Cn化合物），共计11步反应实现了CO_2到淀粉的转化。与此同时，该研究工作还通过对31个生物体的62种酶的11个模块进行组装和替换，建立了以甲醇为起始原料的10个酶促反应的人工淀粉合成途径（ASAP）1.0（图6-8）。通过同位素[13]C标记实验检测ASAP 1.0的主要中间体和目标产物，验证其对甲醇合成淀粉的全部功能。

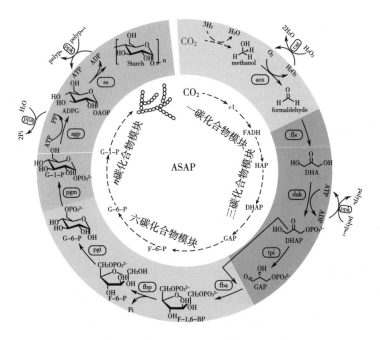

图6-8 人工淀粉合成途径（ASAP）的设计和模块组装

二、ASAP 的主要瓶颈

在建立ASAP 1.0之后，该研究工作试图通过解决潜在的瓶颈来优化该途径（图6-9）。首先，由于其动力学活性较低，在ASAP 1.0中甲醛酶（formalase，fls）占总蛋白质剂量的约86%，以维持代谢通量并将有毒甲醛保持在非常低的水平。定向进化增加了fls催化活性，产生了变体fls-M3，其活性提高了4.7倍，且以二羟基丙酮（dihydroxyacetone，DHA）为主。尽管三磷酸腺苷（ATP）和二磷酸腺苷（ADP）在再生系统的协助下维持在1mmol/L的低水平，但ATP和ADP仍可能部分抑制大肠杆菌fbp的功能，而5′-单磷酸腺苷（adenosine 5′-monophosphate，AMP）具有促排作用。马延和团队发现含有AMP变构位点2个突变的变异体fbp-A^{R}缓解了ADP抑制，大幅提高了DHA的葡萄糖-6-磷酸（glucose-6-phosphate，G-6-P）产量。三种核苷酸对fbp和fbp-A^{R}的抑制模式分析表明ATP或ADP是系统抑制的决定因素。通过将fbp-A^{R}与报道的对G-6-P具有抗性的变体整合，组合变体fbp-AG^{R}实现了进一步的改进。该研究工作利用这3种工程酶（fls-M3、fbp-AG^{R}和agp-M3）构建ASAP 2.0，该酶系统在20mol/L甲醇中10h内产生230mg/L直链淀粉。与ASAP 1.0相比，ASAP 2.0的淀粉生产率提高了7.6倍。

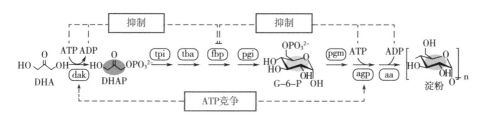

图6-9　ASAP中的主要瓶颈的解决路径

三、由 CO$_2$ 经 ASAP 合成淀粉

由于CO$_2$加H$_2$的不利条件，该研究工作在ASAP 3.0中开发了具有化学反应单元和酶催化反应单元的化学酶级联系统（图6-10）。为了满足fls对高浓度甲醛的需求，并避免甲醛对其他酶的毒性，该研究工作进一步对酶单元进行了两步操作。在化学反应单元中，CO$_2$以0.25g/（g催化剂·h）的速率化学加氢生成甲醇，生成的甲醇不断冷凝，并在第一个小时内被送入酶单元，最终达到浓度100mmol/L。在酶单元中，先补充2种核心酶和辅助过氧化氢酶（cat），使甲醇再转化为浓度为22.5mmol/L的C3中间体DHA，再补充其余8种核心酶和辅助组分，在随后2h转化为1.6g/L直链淀粉。在碘溶液存在下，合成的直链淀粉具有与标准直链淀粉相同的深蓝色颜色和最大吸收值。合成的支链淀粉呈红棕色，碘处理后的吸收峰与标准支链淀粉相当。合成的直链淀粉和支链淀粉表现出与标准样品相同的1~6个质子核磁共振信号。

通过空间和时间分步分离，ASAP 3.0从CO_2中获得了一个较高的淀粉产率（410mg/L·h）。该化学酶途径达到的淀粉合成速率为22nmol/min·mg总催化剂和蛋白质，比玉米合成淀粉的速度高约8.5倍。ASAP以无细胞、化学酶促和高效的方式从CO_2合成淀粉，为淀粉的工业化生物制造提供了重要的起点。

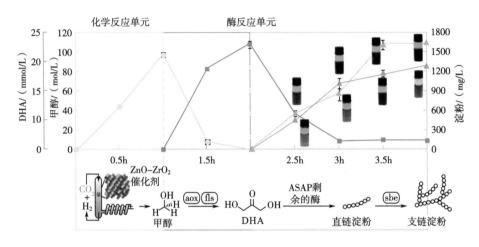

图6-10　通过ASAP从CO_2快速合成淀粉

总的来说，该项研究工作仅通过简单的11步反应实现了CO_2到淀粉的转化，研究成果创新了高密度能量与高浓度CO_2利用的生物过程技术，通过反应时空分离优化，解决了人工途径中底物竞争、产物抑制等问题，扩展了人工光合作用的能力，为从CO_2到淀粉的工业化提供了方向。如果进一步解决其成本问题，将有机会节约90%以上的耕地和淡水资源，避免农药、化肥等对环境带来的负面影响，促进碳中和目标的达成。

参考文献

［1］陈坚. 中国食品科技：从2020到2035［J］. 中国食品学报，2019，19（12）：1-5.

［2］FAO. Livestock's long shadow-Environmental issues and options［R］. FAO publications, 2006.

［3］Bryant C, Barnett J. Consumer acceptance of cultured meat: A systematic review［J］. Meat Science, 2018, 143: 8-17.

［4］Bhat Z F, Kumar S, Fayaz H. In vitro meat production: Challenges and benefits over conventional meat production［J］. Journal of Integrative Agriculture, 2015, 14（2）: 241-248.

［5］Zf BHAT SK, BHAT HF. In vitro meat: A future animal free harvest［J］. Critical Reviews in Food Science and Nutrition, 2017, 57（4）: 782-789.

［6］Tuomisto H L, de Mattos M J T. Environmental impacts of cultured meat production［J］. Environmental science & technology, 2011, 45（14）: 6117-6123.

［7］王廷玮，周景文，赵鑫锐，等. 培养肉风险防范与安全管理规范［J］. 食品与发酵工业，2019，45（11）：254-258.

［8］比尔·盖茨投资"人造肉". 中国战略新兴产业，2017，（35）：56.

［9］张斌，屠康. 传统肉类替代品—人造肉的研究进展［J］. 食品工业科技，2020，41（9）：327–333.

［10］Bonny S P F, Gardner G E, Pethick D W, et al. Artificial meat and the future of the meat industry［J］. Animal Production Science, 2017, 57（11）: 2216–2223.

［11］Alfieri f. Novel Foods: Artificial Meat［M］. Encyclopedia of Food Security and Sustainability, 2019, 1: 280–284.

［12］我国第一块肌肉干细胞培养肉面世. 科技日报，2019年11月23日.

［13］李雪良，张国强，赵鑫锐，等. 细胞培养肉规模化生产工艺及反应器展望［J］. 过程工程学报，2020，20（1）：3–11.

［14］Pörtner R, Jandt U, Zeng A P. Cell culture technology［C］// Wittmann C, Liao J C. Industrial Biotechnology. Weinheim: Wiley–VCH Verlag GmbH & Co. KGaA, 2016: 129–158.

［15］Mouly V, Aamiri A, Bigot A, et al. The mitotic clock in skeletal muscle regeneration, disease and cell mediated gene therapy［J］. Acta Physiologica Scandinavica, 2005, 184（1）: 3–15.

［16］Edelman P D, Mcfarland D C, Mironov V A, et al. Commentary: in vitro cultured meat production［J］. Tissue Engineering, 2005, 11（5/6）: 659–662.

［17］Lai X, Kuang S, Wen Y, et al. Hypoxia promotes satellite cell self–renewal and enhances the efficiency of myoblast transplantation［J］. Development, 2012, 139（16）: 2857–2865.

［18］Sala D, Sacco A, Puri P L, et al. Stat3 signaling controls satellite cell expansion and skeletal muscle repair［J］. Nature Medicine, 2014, 20（10）: 1182–1186.

［19］Sieber T, Dobner T. Adenovirus type 5 early region 1b 156r protein promotes cell transformation independently of repression of p53–stimulated transcription［J］. Journal of Virology, 2007, 81（1）: 95–105.

［20］Tsutsui T, Kumakura S I, YAMAMOTO A, et al. Association of p16ink4a and prb inactivation with immortalization of human cells［J］. Carcinogenesis, 2002, 23（12）: 2111–2117.

［21］李卫，谭蒙，孙莉，等. 基于细胞培养的动物性蛋白质的生产–细胞农业研究进展［J］. 食品工业科技，2020，41（11）：263–268.

［22］Aswad H, Jalabert A, Rome S. Depleting extracellular vesicles from fetal bovine serum alters proliferation and differentiation of skeletal muscle cells in vitro［J］. BMC biotechnology, 2016, 16（1）: 32.

［23］Danoviz M E, Yablonka–Reuveni Z. Skeletal muscle satellite cells: background and methods for isolation and analysis in a primary culture system［M］. Totowa, NJ: Myogenesis. Humana Press, 2012: 21–52.

［24］Stern–Straeter J, Bonaterra G A, JURITZ S, et al. Evaluation of the effects of different culture media on the myogenic differentiation potential of adipose tissue–or bone marrow–derived human mesenchymal stem cells［J］. International journal of molecular medicine, 2014, 33（1）: 160–170.

［25］Butler M. Serum and protein free media［J］. Cell Engineering, 2015, 9: 223–236.

［26］Datta P, Meli L, Li L, et al. Microarray platform affords improved product analysis in mammalian cell growth studies［J］. Biotechnology journal, 2014, 9（3）: 386–395.

［27］Wilschut K J, Haagsman H P, Roelen B A. Extracellular matrix components direct porcine muscle stem cell behavior［J］. Exp Cell Res, 2010, 316（3）: 341–352.

［28］Zammit P S. All muscle satellite cells are equal, but are some more equal than others［J］. J Cell Sci, 2008, 121（18）: 2975–2982.

［29］庞卫军，孙世铎，渊锡藩，等. 体外培养肉—肉类生产发展的方向［J］. 养猪，2014，（4）：78–80.

［30］Chen S, Nakamoto T, Kawazoe N, et al. Engineering multi–layered skeletal muscle tissue by using 3D microgrooved collagen scaffolds［J］. Biomaterials, 2015, 73: 23–31.

［31］Mohanty S, Larsen L B, Trifol J, et al. Fabrication of scalable and structured tissue engineering scaffolds using water dissolvable sacrificial 3D printed moulds［J］. Materials science and engineering C: Materials for Biological Applications, 2015, 55: 569–578.

［32］Kolesky D B, Homan K A, Skylar–Scott M A, et al. Three–dimensional bioprinting of thick vascularized tissues［J］. Proceedings of the national academy of sciences, 2016, 113（12）: 3179–3184.

［33］Van Eelen W F, van Kooten W J. Industrial production of meat from in vitro cell cultures: EP1037966［P］. 1998–12–18.

［34］Zammit P S, Relaix F, Nagata Y, et al. Pax7 and myogenic progression in skeletal muscle satellite cells［J］. Journal of Cell Science, 2006, 119（9）: 1824–1832.

［35］Clincke M F, Mölleryd C, Zhang Y, et al. Very high density of CHO cells in perfusion by atf or tff in wave bioreactor™: part I. effect of the cell density on the process［J］. Biotechnology Progress, 2013, 29（3）: 754–767.

［36］Zhang Y, Stobbe P, Silvander C O, et al. Very high cell density perfusion of CHO cells anchored in a non–woven matrix–based bioreactor［J］. Journal of Biotechnology, 2015, 213: 28–41.

［37］Billig D, Clark J M, Ewell A J, et al. The separation of harvested cells from microcarriers: a comparison of methods［J］. Developments in Biological Standardization, 1983, 55: 67–75.

［38］Nienow A W, Rafiq Q A, Coopman K, et al. A potentially scalable method for the harvesting of hmscs from microcarriers［J］. Biochemical Engineering Journal, 2014, 85: 79–88.

［39］周光宏, 丁世杰, 徐幸莲. 培养肉的研究进展与挑战［J］, 中国食品学报. 2020,（5）: 1–11.

［40］Kanatous S B, Mammen P P. Regulation of myoglobin expression［J］. J Exp Biol, 2010, 213（16）: 2741–2747.

［41］CLINCKE M F, MÖLLERYD C, ZHANG Y, et al. Very high density of CHO cells in perfusion by atf or tff in wave bioreactor™: part I. effect of the cell density on the process［J］. Biotechnology Progress, 2013, 29（3）: 754–767.

［42］Zhang Y, Stobbe P, Silvander C O, et al. Very high cell density perfusion of CHO cells anchored in a non–woven matrix–based bioreactor［J］. Journal of Biotechnology, 2015, 213: 28–41.

［43］Li X. System and method for improved gas dissolution: US9327251B2［P］. 2014–01–28.

［44］Westlake R. Large–scale continuous production of single cell protein［J］. Chemie Ingenieur Technik, 1986, 58（12）: 934–937.

［45］Verbeke W A J, Viaene J. Ethical challenges for livestock production: Meeting consumer concerns about meat safety and animal welfare［J］. J Agric Environ Ethics, 2000（12）: 141–151.

［46］Cai T, Sun H B, Qiao J, et al. Cell–free chemoenzymatic starch synthesis from carbon dioxide［J］. Science, 2021, 373（6562）: 1523–1527.

第七章

食品仿生成型技术

第一节 食品的手工造型和动物粪便的自然成型

人依靠灵巧的双手可以制造出各式各样造型精美的食品，这是一种有意识的行为。与之比较，某些动物体内还有一个能够将食物消化的残余物制造成各种造型粪便的器官——大肠。不同之处在于，动物大肠对粪便的造型是潜意识的，不是显意识的。

一、食品的手工造型

传统食品，尤其是厨房餐饮食品，手工成型的技艺可谓精湛至极，主要包括捏制和刀刻。捏制完全靠手工完成，经典的产品有包子、饺子、花卷、拉面等面制品（图7-1）。刀刻需要借助刀具靠手工完成，主要的食材是硬质瓜果（图7-2）。食品手工成型需要经过专业的训练，才能掌握。

图7-1 手工面制品

图7-2　手工刀刻

二、动物粪便的自然成型

反刍动物——牛和羊消化系统对其粪便的成型是自然进化的结果。图7-3所示是牛粪的几个典型形状，图7-4所示是羊粪的形状。

动物粪便分颗粒状、卷曲状、麻花状、花卷状等。按照动物粪便形状的不同，动物粪便可能的成型步骤分为：

颗粒状动物粪便：等量分割→揉搓成丸→表面涂抹。

卷曲状动物粪便：揉搓成条→表面涂抹→卷曲定形。

麻花状动物粪便：揉搓成条→表面涂抹→两股拧绳→卷曲定形。

花卷状动物粪便：切分成条→表面涂抹→延压成片→折叠卷曲定形。

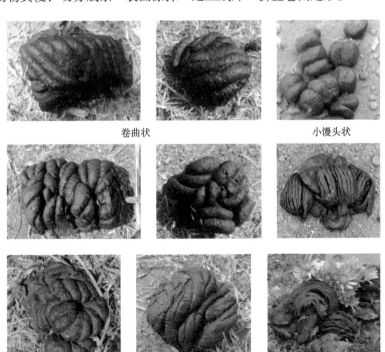

图7-3　牛粪的典型形状

图7-4 羊粪的形状（颗粒状）

除了动物消化系统具有极细巧妙的粪便成型之外，蜣螂（俗称屎壳郎）还有强大的制造粪球的本领。大多数蜣螂以动物粪便为食，有"自然界清道夫"的称号。它常将粪便制成球状［图7-5（1）］，滚动到可靠的地方藏起来，然后再慢慢吃掉。处于繁殖期的雌蜣螂则会将粪球做成梨状，并在其中产卵［图7-5（2）］。孵出的幼虫以现成的粪球为食，直到发育为成年蜣螂才破土而出［图7-5（3）］。

（1） （2） （3）

图7-5 蜣螂制造的粪球

国内外关于动物科学的研究都是以动物的生产繁殖、营养供给和疾病治疗等为目的开展的，不太关心与此无关的动物的生理活动。那么，动物为什么要将粪便制造成不同的形状？只是展示一下其高超的技能，还是有健康的需要、抵御外来侵略的需要、雌雄之间信息交流的需要？目前相关研究鲜见报道。

动物利用大肠进行粪便的成型与排泄。动物的肠道只有扭动和蠕动这样一些简单的动作，那么动物到底是如何完成了精准的搓条、分割、搓圆、拧绳、压片、卷曲、折叠等成型作业？又是如何完成了在粒状、条状、片状造型的表面刷光、喷涂等装饰作业？牛这样一个物种，怎么能制造出单股卷曲状、多股卷曲状、花卷状、颗粒状这种形状各异、造型精致的粪便？真是不可思议。遗憾的是，从笔者1987年第一次关注羊粪有如此整齐的造型以来，截至目前关于动物粪便成型机制的研究在国内外未见报道。笔者也请教过很多的动物学家，但无人知晓，也没有人给出过有说服力的推断。

第二节　食品仿生成型技术

"成型"是食品工业中一项非常重要的作业，主要分为模具成型、挤压成型、揉搓成型等。各种焙烤食品及糖果就是依靠机器模压成型的，所有膨化食品和部分面条是通过机器挤压实现成型的，部分颗粒状和球状食品和药品也是通过机器揉搓成型的（图7-6）。近些年，随着3D打印技术的兴起，开始有研究者根据食品材料的特性，利用3D技术打印出与自然食材相似的形状。

图7-6　不同形状的工业食品

目前对于动物肠道成型机制的研究不够深入，因此目前的成型仿生研究主要集中在对食品手工成型的模拟研究上。

一、厨房食品的机器仿生成型技术

随着中央厨房产业的兴起，近些年进行馒头、饺子、包子、面条成型装备的研究成为热点，目的是解放劳动力，工业化生产厨房食品（图7-7）。在这些装备的开发中，研究人手工成型的特点、具有的优势、存在的劣势是必做的功课，已经取得一系列重大突破。

图7-7　机器成型的馒头、包子、水饺

（一）馒头机

目前的馒头机可以进行方形和圆形两种成型[1]。方形馒头机将面带通过主机整压、卷成条坯后进入强制整形部分，由刀切机构成型，制出成品。圆形馒头整形机通过三道整形和揉搓完成。第一道采用立板整形；第二道采用上压隧道整形，使馒头每个方位都能得到揉搓；第三道采用上圆弧隧道整形，使馒头成为圆形。

（二）包子机

包子机由面斗、馅斗、馅管、出面机头、成型刀盘、输送带等组成（图7-8）。先将面团通过螺杆挤压机制成管状，并将馅料装入面管中，最后通过成型刀盘成型。

图7-8 包子成型过程

（三）饺子机

包合式饺子成型机的性能远远优于传统的灌肠式饺子成型机。包合式饺子成型机是先压出面带再合成面管后注馅，经成型模辊和副辊相向转动滚切出饺子（图7-9）。面带合成面管、包制成型、脱模是三个关键操作步骤[2]。

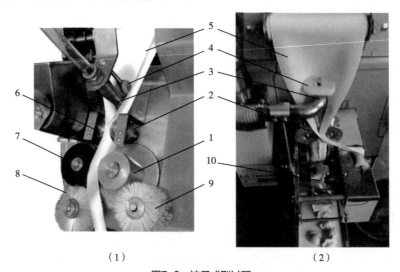

（1）　　　　　　　　　　　　　（2）

图7-9 饺子成型过程

1—成型副辊　2、6—捏合辊　3—馅管　4—起落辊　5—面带　7、10—成型模辊　8、9—滚刷

1. 面带合成面管

中型饺子成型机的面带合管装置如图7-9所示。压出面带后，起落辊4将面带压成U型面带，再经两个捏合辊2、6合成带有飞边的面管，同时通过管3注馅，形成带飞边的有馅面管。

大型高效饺子成型机的面带合管装置如图7-10所示。将压好的面带输入到面管合成腔7中央并通过馅管6，当面带由馅管垂直方向上端进入该装置时，形成开放形面管，输送到捏合切刀处，切刀在两传动轴驱动下相向转动，将多余的面带部分切除，并合成面管。捏合切刀的结构如图7-11所示。

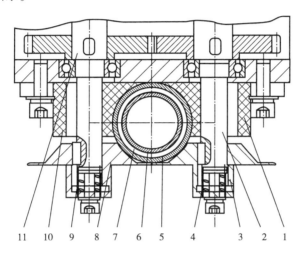

图7-10　面带合管装置

1—右调节板　2—右传动轴　3、8—捏合切刀　4、9—弹簧　5—面管
6—馅管　7—合成腔　10—左调节板　11—左传动轴

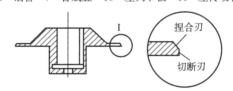

图7-11　捏合切刀结构

2. 包制成型

因为手工包制的饺子双面起肚，因此成型模辊和副辊的圆周上都要有"饺子窝"（图7-12），并要解决好两辊的对窝问题。

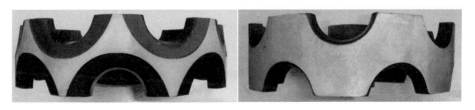

图7-12　成型模辊和副辊

3. 脱模

由于饺子皮的加水量高，饺子脱模非常容易出现开皮露馅等问题，因此饺子脱模是一个关键问题。目前常见的脱模方式有3种。

（1）凸轮推碗式脱模 凸轮推碗式脱模是在成型模辊、副辊内设置推碗。图7-13所示是副辊内设置推碗的示意图。在副辊3径向开有半圆弧（饺子形状）通孔，装入推碗体2。当副辊3转动时，带动推碗体2和凸轮5一起转动，在某一设定脱模位置，凸轮转到最大曲率半径时与固定轴滚轮7产生最大位移，带动推碗体位移，推出饺子，使饺子脱模。

此方案只适于小直径的成型模辊和副辊，装配时对位要相对准确，副辊加工难度大。

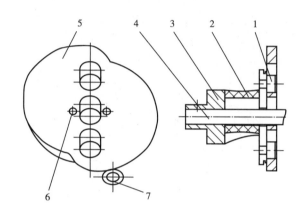

图7-13 凸轮推碗式脱模装置示意图

1—导向柱 2—推碗体 3—副辊 4—副辊传动轴 5—凸轮 6—链接销 7—固定轴滚轮

（2）拨块式脱模 拨块式脱模装置如图7-14所示。在成型模辊1两侧饺子窝处，分别垂直设置两个旋转的拨块2和12（副辊与其原理相同）。若成型后的饺子粘到成型辊，拨块会转到与成型模辊切线垂直的饺子窝中央，将饺子从成型辊上拨掉，从而达到脱模的目的。

此种脱模方式，只适合大型饺子机，因为中、小型饺子机成型模辊和副辊直径相对较小，没有安装拨块的空间。但该方式安装调整复杂，加工零件较多，不推荐使用。

（3）滚刷清除式脱模 滚刷清除式脱模装置如图7-9所示，用滚刷刷掉成型模辊或辐辊上粘合的饺子，先刷掉饺子的一角，靠饺子的质量自然脱模。此装置结构简单，要求较低，非常易于实现，故推荐优先采用。

4. 刀削面机器人

刀削面机器人（图7-15）模拟人工削面的动作，完美再现山西刀削面的制作过程。将和好的面团揉捏成月牙状，然后摆正，放在左臂的托面板上，通过右手的削面刀前后往复式运动，完成削面。削完一层后，通过递进机构将面团上移，开始下一层削制。

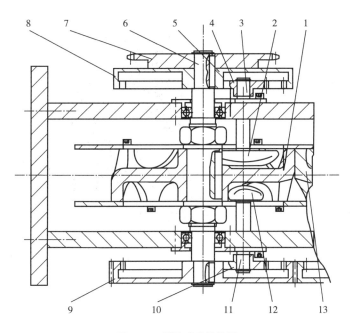

图7-14　拨块式脱模装置

1—成型模辊　2、12—旋转拨块　3、11—拨块轴　4、10—拨块齿轮
5、8—内齿轮　6—成型模轴　7—链轮　9—内外齿轮　13—副辊

图7-15　刀削面机器人

　　传统的盘式刀削面机（图7-16）将面团通过送面辊及螺旋推进器送入前后两个送面盘中，在分面凸轮及离心力的作用下，面团被两个送面盘挤压出来，被削面刀削成中间厚、两边薄的面条飞出。该机型特有的二次揉面过程，使面筋纹路正好顺着刀削的方向形成。削出的面条宽窄、薄厚可以随意调整，每分钟可削面3~5斤。

图7-16 盘式刀削面机

二、各向异性食材的仿生成型技术

食品原料因为组成成分、加工方法或储藏方法的不同，形成各异的内部结构，呈现出各向同性和各向异性[1)]特征[3]。多数蔬菜是基于多面形植物细胞组织的相对温和的各向异性结构，肉则是基于定向肌肉纤维束结构导致显著的各向异性特征。肉中的各类纤维蛋白在氢键的相互作用下，形成α-螺旋、反平行β-折叠或者三螺旋立体结构，再经过自组装形成高度规则且具有层次的纤维束，从而形成各向异性结构（图7-17）。

目前，食品各向异性结构的仿生构建方法主要包括[4]以下几方面内容。

1. 纺丝技术

纺丝是用来构造富含蛋白质食物各向异性结构的传统加工方法。当生物聚合物液体经喷丝头挤压喷出时，经过拉伸得到纤维；然后应用盐、酸或碱溶液等固化所得纤维；经洗涤后最终得到纤维有序排列的结构，纺成的纤维厚度约为喷丝孔尺寸，为数百微米左右[5]。虽然纺丝技术能够制备出均一的定向食品纤维，但是由于固有技术存在弊端，如制备过程中使用化学试剂，产生大量废气，同时，食品工业上将单根纤维组装成宏观食品的技术较复杂，因此纺丝技术在食品领域的应用研究还比较欠缺[6]。

---

1) 各向同性是指材料在各个方向上的力学性能和物理性能指标都相同的性质；各向异性是指材料的全部或部分力学、物理等性能指标随着方向的改变而有所变化，在不同的方向上呈现出差异的性质。

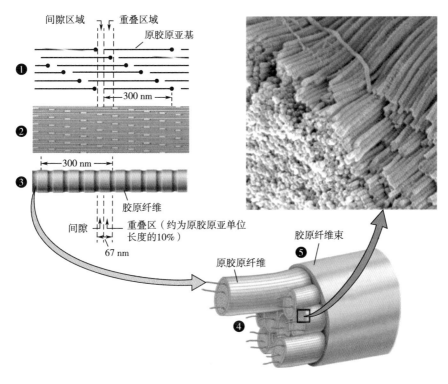

图7-17 肌肉层次结构示意图[3]

2. 挤压技术

挤压组织化工艺是最常用的将植物基原料转化为纤维化产品的商业技术，分为低水分挤压和高水分挤压[7]。传统挤压仿生肉多是通过低水分挤压技术制备，具有海绵状结构，并且食用前需要复水，而利用高水分挤压技术获得的高水分组织化植物蛋白具有类似动物肌肉的纤维结构，无须复水，可直接食用[8]。高水分挤压技术制备各向异性结构的设备主要涉及两个部分：挤压部分和冷冻模具部分，蛋白质混合物首先经过挤压部分的高温加热和机械搅拌等处理，使原始结构受到破坏，同时，蛋白质分子聚集形成可溶或不可溶的聚合物，再经过冷冻模具，蛋白质分子在挤出流动方向牵引下进行重新排列，形成各向异性结构[9]。利用挤压构建各向异性结构，虽然能耗较高，但是由于过程简单、有效，仍被广泛应用于仿生食品的制备。

3. 定向冷冻

定向冷冻的关键在于控制冰晶的生长取向，溶质因在溶剂晶体中溶解度极低而析出，诱发溶质和溶剂产生相分离，再经过真空冷冻干燥，待晶体升华挥发后，原有位置会形成定向孔道结构，使得整个体系呈现各向异性[10]。家禽骨头蛋白、虾蛋白等，经过定向冷冻后，也可制备出定向纤维片状结构，呈现各向异性[11-12]。该方法所用冷冻源包括液氮、有机溶液或盐溶液，虽技术较为成熟，但存在操作复杂、制冷条件可调节性差等缺点，其工业化应用有待进一步发展。

4. 3D打印技术

食品3D打印步骤主要包括软件建模、程序控制、物料挤出和固化成形［图7-18（1）］。相比于其他材料类的3D打印，食品3D打印的原料较为特别，需考虑在挤出过程中的流动性和固化成形过程中的可塑性，以及有一定的刚度来支撑结构[13]。3D打印食品不一定都存在各向异性结构，一般认为，只有当喷头挤出物在接收盘上有序地定向排列时，才能较为宏观地形成各向异性结构。因受到打印设备挤出喷头尺寸的限制，仿生肉制品多为层状的各向异性结构，与真实肉制品的纤维状结构还存在一定差距，打印效率还需进一步提升［图7-18（2）］。

六喷头3D打印机及其最终产品如图7-18（3）所示。

目前基于仿生学原理的食品成型技术研发主要是模拟人手工的食品成型过程，这也是目前传统食品工业化的重要研究内容之一。由于动物科学中关于动物粪便成型机制方面的研究是空白，因此，目前尚无法模拟其行为进行成型技术的研发。今后首先应当加强对动物粪便成型的基础研究，大范围观察动物粪便成型行为，深入探索其发生的机制，为进一步实现食品成型的仿生设计提供理论支撑。

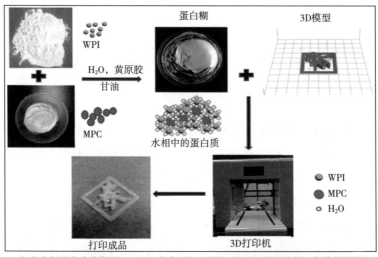

（1）牛奶蛋白浓缩物（MPC）和乳清蛋白分离物（WPI）糊状物的3D打印效果图[14]

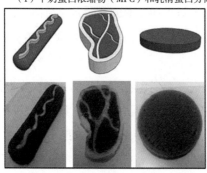

（2）基于3D打印设计的仿生肉制品：香肠、牛排"重组肉"、肉饼[15]

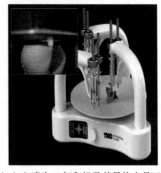

（3）六喷头3D打印机及其最终产品[16]

图7-18　六喷头3D打印机及其最终产品

参考文献

［1］朱克庆，吕少芳. 多功能馒头机的成型系统设计［J］. 粮食与食品工业，2008，15（3）：21–24.

［2］吕志昆，郎庆军，郭延明，等. 两种新型包合式饺子成型机的研制［J］. 包装与食品机械，2011，29（1）：23–27.

［3］Horabik J, Molenda M. Isotropy and anisotropy in agricultural products and foods［M］. Dordrecht：Springer Netherlands，2011：407–409.

［4］赵一果，何君，孙翠霞，等. 食品各向异性结构及其仿生构建方法［J］. 中国食品学报，2019，19（6）：1–12.

［5］Gallant D, Bouchet B, Culioli J. Ultrastructural aspects of spun pea and fababean proteins［J］. Food Structure，1984，3（2）：10.

［6］Manski J M, van der Goot A J, Boom R M. Advances in structure formation of anisotropic protein–rich foods through novel processing concepts［J］. Trends in Food Science & Technology，2007，18（11）：546–557.

［7］Dekkers B L, Boom R M, van der Goot A J. Structuring processes for meat analogues［J］. Trends in Food Science & Technology，2018，81：25–36.

［8］朱嵩，刘丽，张金闯，等. 高水分挤压组织化植物蛋白品质调控及评价研究进展［J］. 食品科学，2018，39（19）：287–293.

［9］Pietsch V L, Emin M A, Schuchmann H P. Process conditions influencing wheat gluten polymerization during high moisture extrusion of meat analog products［J］. Journal of Food Engineering，2017，198：28–35.

［10］Pawelec K, Husmann A, Best S M, et al. A design protocol for tailoring ice –templated scaffold structure［J］. Journal of the Royal Society Interface，2014，11（92）：20130958.

［11］Consolacion F I, Jelen P. Freeze texturation of proteins：effect of the Alkali, acid and freezing treatments on texture formation［J］. Food Structure，1986，5（1）：5.

［12］Yang T C. Freeze-texturized maine shrimp protein extract［J］. Journal of Food Science，1987，52（3）：601–609.

［13］Asuncion M C T, Goh J C, Toh S L. Anisotropic silk fibroin/gelatin scaffolds from unidirectional freezing［J］. Mater Sci Eng C Mater Biol Appl，2016，67：646–656.

［14］Liu Y, Liu D, Wei G, et al. 3D printed milk protein food simulant：Improving the printing performance of milk protein concentration by incorporating whey protein isolate［J］. Innovative Food Science & Emerging Technologies，2018，49：116–126.

［15］Dick A, Bhandari B, Prakash S. 3D printing of meat［J］. Meat Sci，2019，153：35–44.

［16］Pallottino F, Hakola L, Costa C, et al. Printing on food or food printing：a review［J］. Food and Bioprocess Technology，2016，9（5）：725–733.

第八章

食品装备与材料的仿生设计

第一节　概述

在动植物系统中，有许多性能独特的材料，例如，人的胃壁有极强的抗酸腐蚀能力。人体的pH在7.35~7.45，平均为7.41，呈弱碱性。但人胃液的pH较高，在2以下，饭后胃液被稀释，pH上升至3.5。一般认为pH<5即为强酸性溶液，胃的内壁竟然能够耐受酸度如此之高的胃液。此外，许多动植物独特的表面结构使其具有惊人的降阻、自洁特性，如荷叶、芦苇叶、蚯蚓、穿山甲等。

我们知道，人体不仅是一个完美的制造食品的生物反应器，而且还能利用手脚等机构完成各种各样的作业，通过大脑精准地控制手脚复杂的运动过程和体内复杂的生化反应。其他动物也有诸如此类的运动部件和控制系统。

不管是人体独特的生物材料，还是精致的机构和精准的控制系统，都是食品装备研发中需要深入学习的"原型机"，据此可开发一些有价值的仿生技术[1-3]。

第二节　生物体的降阻自洁特性

许多动物和植物，由于其具有结构独特的非光滑表面，因此呈现出非常好的降阻、自洁特性，例如，蚯蚓、穿山甲等土壤动物可以轻松地从坚硬的土壤中钻出，落有灰尘的荷叶表面在雨水冲洗后洁净如新。降阻、自洁是食品装备设计需要考虑的重要因素，因此研究动物和植物表面的降阻、自洁功能，对食品装备的开发非常重要。

一、土壤动物 [1)] 体表的减黏、脱附、降阻功能

吉林大学（原吉林工业大学）陈秉聪、任露泉院士带领的课题组对蚯蚓、穿山甲等土壤动物表面形态开展了大量的研究工作，其主要目标是希望通过仿生的手段，克服地面机械作业中存在的黏附性强、阻力大等问题[4]。

任露泉等的研究认为，动物表面的非光滑形态是其具有减黏、脱附、降阻功能的根本原因。该课题组在全国各地采集了1万多个土壤动物标本，筛选出非光滑体表特征较显著的3门7纲28种3000只土壤动物进行形态分析，发现其体表有密布鳞片、密生刚毛、凸包、凹坑、棱纹、纵向有节等几种类型。20世纪90年代，研究人员对土壤动物的体表特征进行了定义和分类，将其分成几何非光滑、力学非光滑、数学非光滑、化学非光滑和动态非光滑5种表面形态，其中几何非光滑形态包括凸包形、凹坑形、条纹形、波纹形、鳞片形和刚毛形等，如图8-1所示。

---

1)　土壤动物是土壤中和落叶下生存着的各种动物的总称。

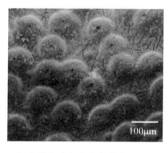

（1）蝼蛄头部的凸包形表面

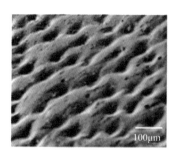

（2）地甲虫多年生
背板上的凹坑形表面

（3）蚂蚁腹部的鳞片形表面

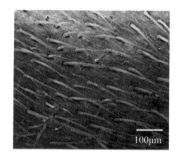

（4）鼹蟋蟀背板上的刚毛形表面

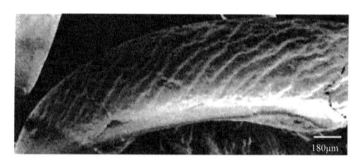

（5）地甲虫颚上的波纹形表面

图8-1　土壤动物体表的几何非光滑形态[5]

任露泉等研究发现：①蝼蛄减黏脱土与其体表呈现的凸包、凹坑、波纹和微观鳞片形态有关，微观非光滑表面可提高憎水材料的表面憎水性，宏观非光滑表面能有效减小土壤的黏附面积，限制连续的水膜形成，改善界面润滑状况，具有减黏降阻作用[6]（图8-2）；②穿山甲鳞片对水的固有接触角[1]大于90°，这使得土壤水对穿山甲体表的润湿能力大大减弱，起到了减黏脱土的效果，同时由于鳞片基本无极性，而土壤水极性较大，黏附界面二相极性相异较大，因此，界面黏附强度较小[7]；③蚯蚓的体表液有利于减黏脱土，主要原因在于蚯蚓在土壤中蠕动前进时，其分泌的体表液能有效地将体表与触土面构建成一个三层界面系统，即蚯蚓体表与体表液组成的内界面层，体表液与土壤表面组成的外界面层，以及两界面层之间的体表液层。外界面层是由体表液中的黏蛋白与表面土粒黏合而形成的防黏屏护层，蚯蚓前进的阻力主要发生在界面系统中间的体表液层，该界面黏性小、剪切阻力低，为弱界面层[8]。

1)　接触角是指在固、液、气三相交界处，自固-液界面经过液体内部到气-液界面之间的夹角。此处固有接触角大于90°的主要原因可能在于鳞片含有两种价态的硅化合物，其中较多存在的是含烃基的硅的有机化合物，使鳞片具有很好的不润湿性。

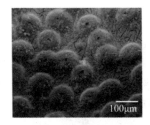

（1）蜣螂　　　　（2）蜣螂头部非光滑形态　　　　（3）仿生犁壁

图8-2　蜣螂头部非光滑形态与仿生犁壁[4]

二、植物表面的脱附自洁功能

出于纺织品、油漆涂料、玻璃、瓷砖等产品开发的需要，关于植物叶面脱附自洁功能的研究一直是国内外科学家研究的热点[9-15]。在过去的几十年里，Baker and Parsons（1971）；Holloway and Baker（1974）、Barthlott and Ehler（1977）、Jeffree（1986）、Barthlott（1990）通过电镜扫描研究证明植物表面有各式各样的表面结构[10]。大量的研究证明，与土壤动物类似，植物叶面自洁、脱附功能主要源其表面具有的独特的非光滑形态的乳突，并且发现植物叶片表面普遍具有非光滑形态的结构，主要有凸包形、花状、毛状、波纹状、网格状、表皮褶皱、带状和棒状等[4, 11]（图8-3）。非光滑单元体1)的形状、深径比2)分布规律是影响植物表面润湿性强弱的决定性因素，其中凸包形的植物叶片表面与水的接触角最大，润湿性最强，疏水性和脱附自洁能力最强。

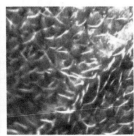

（1）南瓜叶反面（凸包形）　　（2）翠菊叶片反面（毛状）　　（3）鲜粽叶正面（网格状）

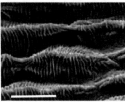
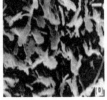

（4）荔枝果皮形态　　（5）菊花表皮（波纹状）　　（6）豌豆叶带状蜡　　（7）芦荟茎卷曲棒状蜡

图8-3　植物表面非光滑形态[4, 9]

1) 非光滑单元体指能够展示一个非光滑微观形貌的单元，如一个凸包、凹坑、鳞片等。

2) 深径比指一个凹坑的深度与直径的比值。

波恩大学Barthlott教授首次发现莲叶表面长有高度超过1μm的微型腊状毛刺，非光滑特征结构尺寸为：直径（d）=5~15μm，冠高（h）=1~20μm（图8-4），它具有不沾水、不沾油脱附自清洁功能。后来称该功能为"荷叶效应"（Lotus-effect）[10-15]。荷叶长期进化后形成独特的憎水性，当雨水落在叶片上会形成无数水珠滚落，并带走浮尘和微生物孢子，如图8-5所示。

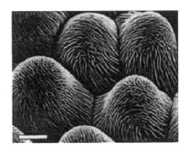

（1）莲叶突起的表皮　　　　　　　　（2）旱金莲花瓣表皮

图8-4　荷叶表面非光滑形态[11]

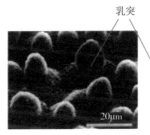
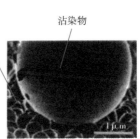

（3）荷叶表面　　　　　（4）乳突　　　　　（5）水滴滚落带走表面沾染物

图8-5　荷叶效应[4]

第三节　动物体的抓取机构

人体主要的运动机构包括手、臂、脚、腿、脖子、脊椎。手和臂负责抓取物件、从事劳动，脚和腿负责移动，脖子负责调整视听角度，脊椎主要的功能是微调手臂触及空间坐标和调节人体运动的平衡，最为复杂的运动机构是抓取物件的手。

手是人或其他灵长类动物臂前端的一部分，由五根手指及手掌组成，主要是用来抓和握住东西。人有左手和右手各一，每只手有五根手指，包括有三节骨头的食指、中指、无名指、小指（又名尾指），以及只有两节骨头的拇指。五根手指长短不同。五指能各自向内弯曲，并能左右轻微摆动。人类通过弯曲手指做出不同的手势，进行不同大小物件的抓取。每只手都有29块骨头（图8-6），这些骨头由123条韧带连结在一起，由35条强劲的肌肉来牵引，而控制这些肌肉的是48条神经。

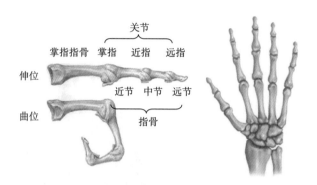

图8-6 人手掌骨骼图

在400万年的进化史中,人类的手逐渐演变成了大自然所能创造出的最完美的工具。手除了劳作之外,还能透过皮肤感受周遭环境温度和外物的质感,并通过神经网络向脑汇报。手做出的动作是眼睛和大脑协作与联动的结果,人依靠眼睛感受所处的三维空间,依靠大脑处理手和眼传来的信息,并按照动作的目的向手发出指令。

手臂的结构相对比较简单,由小手臂和大手臂两段组成(图8-7)。小手臂可以完成一定自由度的扭转和90°单向折叠运动;大手臂可以围绕肩关节在180°范围内任意摆动。手臂的功能是将手移至想要到达的地方,支撑手对物件的抓取与移动。

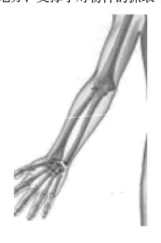

图8-7 手臂

第四节　食品装备的降阻自洁仿生设计

降低阻力、减少黏附性是食品装备设计中非常重要的要求。例如，各种刀具在切制块状食品、搅拌器在搅拌液体食品时，食品的黏附性大大增加了剪切和搅拌的阻力，功率消耗随着增加；食品的黏附性也大幅度增加了食品器具、装备表面清洗的难度，水耗、污染也随之增加。因此，研究动植物的降阻和自洁功能，并进行学习和模拟，是食品装备研发非常重要的方法之一。但遗憾的是，目前在食品装备的研发中对动植物降阻和自洁功能仿生技术的研究还非常滞后，远远不如油漆、涂料、玻璃、纺织等轻化工业，以及农业工程、军事、航天航空等制造业。不过近年来，利用仿生学原理进行不粘炊具的开发已经取得了很大的商业化价值（图8-8）。

一、仿生不粘炊具的设计

2003年，吉林大学"地面机械仿生技术教育部重点实验室"任露泉教授课题组成功完成了"仿生不粘炊具的研究"[16]。仿生不粘炊具（图8-8）表面采用非光滑几何和化学复合结构设计，非光滑形态一方面能有效地减少锅体表面与粘湿性食物的接触面积，从而减少发生化学吸附的点的数量，另一方面破坏了水膜的连续性，使其表面与黏湿性食物表面间存在空气膜，从而达到不粘的效果；表面改性则进一步降低了金属锅体表面的表面张力和提高其憎水性能。研制开发的仿生不粘锅，与传统的裸露铝锅、不锈钢锅比较，不糊，易洁，具有优良的减粘、防粘性能；与特富龙不粘锅比较，不粘性能相近，耐磨性、耐高温性能和环保性能优于特富龙不粘锅。

图8-8　不粘锅和不粘铲

二、多级针状锥形阵列超疏水表面的仿生设计

为了满足食品包装中抑制和降低非牛顿类液体食品在包材内表面上黏附，减少食品浪费的需要，本书作者团队宋云云博士等进行了具有可控黏附、液滴反弹、自洁能力的多级锥形阵列超疏水表面的设计研究。

受水黾腿上密布的纤维结构的启发，宋云云等在滤纸上通过磁场控制和激光蚀刻，在没有任何掩膜的情况下，制作了一个多级针状锥形阵列超疏水表面（super-hydrophobic surface，SHS），其材料为聚二甲基硅氧烷（PDMS）前体和Fe_3O_4磁化颗粒按照一定的配比混合而成（图8-9）。

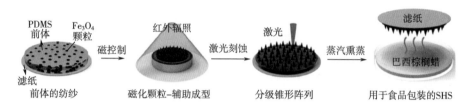

图8-9 多级针状锥形阵列超疏水表面（SHS）制备过程示意图

图8-10所示为制备出的SHS的立体显微结构和对应的圆锥阵列的特征。PDMS和Fe_3O_4混合的质量比为2：1。通过改变混合物的质量来控制厚度，用前体质量来表示，图8-10（1）、（2）和（3）的前体质量分别为0.5 g、0.7 g和1.0 g，对应的圆锥阵列的密度和高径比、高度、水滚动角分别如图8-10（4）、（5）和（6）所示。

以没有经激光刻蚀的锥形阵列疏水表面（hydrophobic surface，HS）为对照，研究了水、果汁、茶、咖啡和牛乳等液态食品在经激光刻蚀的多级针状锥形阵列SHS上的表现（图8-11）。测试发现，食品液滴在SHS上呈现球状［图8-11（1）］，而在HS上会坍塌［图8-11（2）］，说明通过激光刻蚀形成的非光滑几何结构显著提高了表面的疏水性。

用静态接触角（CA）和滚动角（SA）表示黏附性的大小。CA越大、SA越小，说明黏附性越低。从图8-12可以看出，所测试的5种液态食品在SHS上呈现出的黏附性由低到高的顺序是水、果汁、茶、咖啡和牛乳。

由于锥体的锥形几何结构和阵列的多尺度表面粗糙度，液滴与SHS碰撞后会多次弹跳并滚离［图8-13（2）］，但是与HS碰撞后会黏附在HS上［图8-13（1）］。因为分级圆锥阵列可以捕获大量空气，形成气垫，对下落的液滴提供一定的弹性。水滴在下落过程中从水滴形状向球体变化释放的能量和重力势能被转化为水滴的动能。弹性锥形微柱和压缩空气垫可以进一步增加液滴的反弹高度。反弹能力的大小与锥形微柱的间距和顶角有关，例如，图8-14（1）所示微柱间距小于液滴直径则反弹力大，图8-14（2）所示微柱间距大于液滴直径则反弹力小。上述就是SHS结构反弹能力形成的原因。

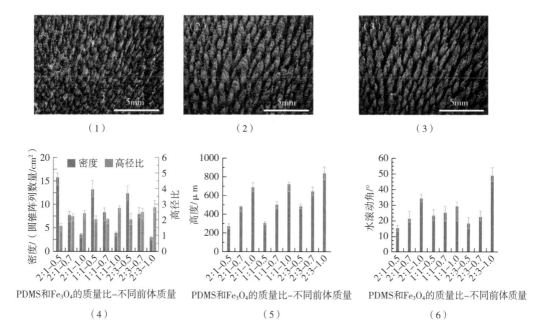

图8-10 SHS的立体显微结构和对应的圆锥阵列的特征

（1）、（2）和（3）为PDMS和Fe₃O₄的质量比为2：1且前体质量分别为0.5g、0.7g和1.0g的SHS的立体显微结构，（4）（5）和（6）分别为对应不同质量比和不同前体质量的圆锥阵列的密度及高径比、高度和水滚动角

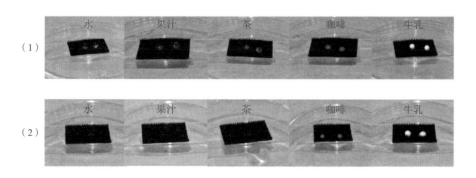

图8-11 SHS（1）和HS（2）与不同液体食物的光学照片

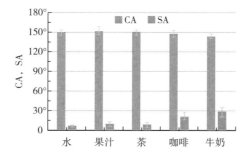

图8-12 水、果汁、茶、咖啡和牛乳的静态接触角（CA）和滚动角（SA）

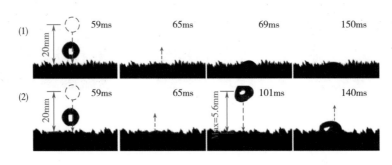

图8-13 HS(1)和SHS(2)上水滴弹跳的高速侧视图图像

（1）锥形微柱之间的间距小于液滴直径　　（2）锥形微柱之间的间距大于液滴直径

图8-14 液滴在不同形貌的SHS上滚动的临界状态

α_{Tmin}—水滴滚动角的理论值　G—样品的重力

对于包装材料，自洁能力是非常重要的设计指标。宋云云等在SHS上铺了一层石英砂，让水、果汁、茶、咖啡和牛乳等食物液滴滚下，测试其带走石英砂的情况。图8-15和图8-16分别是各种食物液滴随时间沿SHS和HS滚动的光学图片。从这些图片可以明显地观察出，液体食品在SHS上几乎没有残留，而在HS上有较多残留，表明SHS具有优异的自清洁性能。

宋云云等还通过试验比较了酸乳在HS、SHS、高密度聚乙烯（HDPE）和市售利乐包装（纸板、聚乙烯和铝箔包装）上残留物的多少（图8-17）。当酸乳倾出时，SHS杯子有助于去除液体食品而不留残渣［图8-17（1）］。相比之下，HS杯子显示出明显的酸乳残留［图8-17（2）］。同时，较多酸乳也留在HDPE和商用利乐包装的表面上［图8-17（3）和（4）］。

食品包装材料的磨损来源于日常生活中接触黏性液体食品时的物理损伤。宋云云等通过胶带撕裂耐久性、手指触摸污染和重复折叠等物理损伤，评估了SHS的机械稳定性。从图8-18（1）可以看出，水、果汁、茶、咖啡和牛乳等食物液滴很容易从未损伤的SHS上滚下。分级锥形阵列中的气垫导致食物液滴与表面之间的黏附力降低，从而使液滴在表面上自由移动。图8-18（2）呈现了被胶带撕裂的SHS的照片，其中SHS面朝胶带放置。在胶带撕裂测试的50次循环后，各种食物液滴仍能在表面保持球形，这保持了良好的超疏水性能［图8-18（2）］。除了胶带撕裂试验，宋云云等还通过手指触摸评估了SHS的超疏水耐久性。手指接触可能导致盐和油污染物浮出水面，然而在50次手指触摸测试循环（每次接触时间为10s）后，各种食物液滴仍能在表面保持球形，保持了良好的超疏水性能［图8-18（3）］。食品包装不可避免地会弯曲成各种形状，因此有必要评估重复弯曲的机械稳定性，最后对SHS实施了重复折叠测试［图8-18（4）］。因为涂层被施加在柔性滤纸基底上，所以SHS也表现出与柔性材料相同的抗弯曲性，这种柔性从膜的高度弯曲的形状进一步明显［图8-18（4）］。通过弯曲疲劳试验测试了SHS系统的机械稳定性。折叠后的纸被严重地来回弯曲了几次，仍然保持了优异的超疏水性能。100次循环后，涂层的超疏水性没有变化。图8-18（4）显示，SHS上各种液体食品的完美球体几乎没有变化，这表明SHS对多次弯曲具有很强的抵抗力。

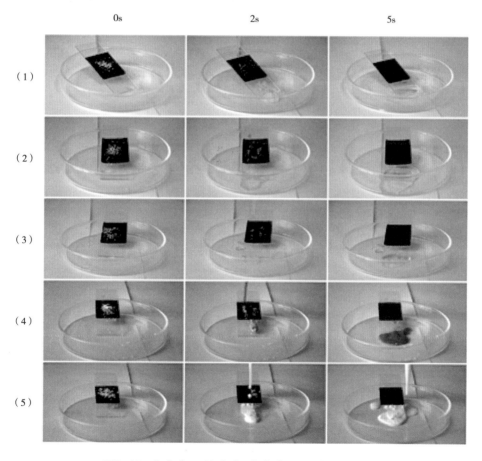

图8-15　水（1）、果汁（2）、茶（3）、咖啡（4）和牛乳（5）等食品液体在SHS上的自清洁性能试验

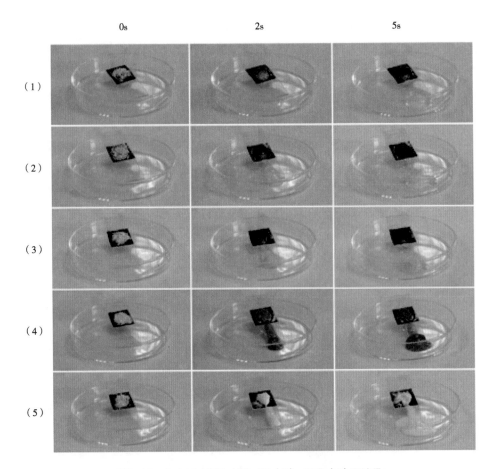

图8-16 水（1）、果汁（2）、茶（3）、咖啡（4）和牛乳
（5）等食品液体在HS上的自清洁性能试验

综上所述，通过仿生学方法，模拟水黾腿上密布的纤维结构，采用磁控和激光刻蚀技术，制备出了多级针状锥形阵列超疏水表面（SHS），可以通过改变锥形微柱的间距和顶角改变其疏水性能。试验表明，SHS具有优秀的液滴弹跳行为和自洁性能。以常用包装材料高密度聚乙烯和市售利乐包装盒作为对照，证明了SHS对酸乳的低黏附性。在经历了多次胶带撕裂、手指接触和折叠等各种类型的机械损伤后，SHS仍然保持了优异的超疏水性能，表现出有效和稳健地防止液体食品黏附的能力。因此，SHS作为一种仿生材料在液态物料包装盒开发中应该具有潜在的应用前景。

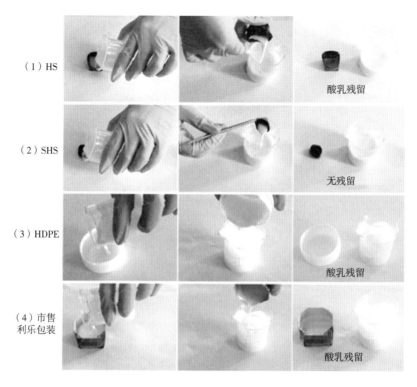

图8-17 将酸乳倒出之前和之后杯中酸乳残留的情况

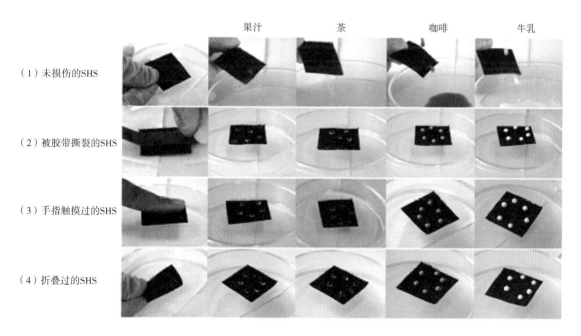

图8-18 SHS的机械稳定性试验

第五节 软体机器手的仿生设计

绝大多数食品质软易碎，因此对抓取食品的机器手的设计必须模拟柔软的人手。近些年来为了人体康复等需要软体机器手的研制成为了机器人行业的一个热点[17-18]。

一、国内外研究进展

1991年，日本的Koichi Suzumori等在当年的电气和电子工程师协会（Institute of Electrical and Electronics Engineers，IEEE）会议上提出了如图8-19（1）所示的柔性微执行器（flexible microactuator，FMA）[19]，它是由纤维增强橡胶制成的，由一个电子气压控制系统控制弯曲；它有三个内腔，每一个内腔内的压力都由一个和压力控制阀相连的柔性软管单独控制；FMA由纤维沿轴向方向增强，因此可以沿轴向方向变形，而在径向方向不能变形。

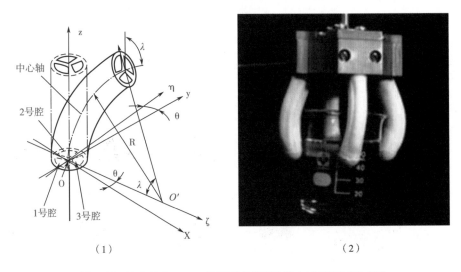

（1）　　　　　　　　　　　（2）

图8-19　Koichi Suzumori提出的软体驱动器（1）和机械手（2）

Koichi Suzumori又用这种驱动器设计了一个机械手，如图8-19（2）所示。该机械手有4根手指，共12个自由度，可以实现捏取、对向捏取和抓握动作。这也是已知的最早的软体机器人。

图8-20所示为德国工业大学Raphael Deimel等设计的RBOHand2[20, 21]，它设计有5根手指，其中食指、中指、无名指和小拇指是完全相同的，大拇指较其他四根手指稍短；RBOHand2对手掌进行了特殊设计：手掌具有两个呈90°圆弧的软体执行器（图8-20中6、7），执行器弯曲方向和限制层垂直（即限制层在手掌表面），因此当向执行器6、7内部加压时，两个执行器向掌心方向弯曲，即可带动整个拇指执行屈曲运动；当执行器6、7内部压力

不同时，可以带动整个拇指执行外展/内收运动。这种设计极大地提高了拇指的灵活性，也使得RBOHand2能够完成多种复杂的动作。

图8-21所示为奥克兰大学设计的UOA手部外骨骼[22]，采用了10块气动人工肌肉和1个菲格利直线驱动器，可以直接控制15个自由度和4个被动自由度。该装置将气动人工肌肉装在小臂处的铝制外壳内，通过腱绳将力传递到手指处。

国内对软体机器人的研究近些年也取得了一定进展。北京航空航天大学研制了如图8-22所示的万能软体抓持器[23]，它是由一个刚性基座和固定其上的四根柔性手指组成的。柔性手指由三部分组成：硅胶手指、连接手指和气管的固定器、气管接口。硅胶手指分为两层：上层呈波浪形结构，下层为近似平面，都由弹性材料制成。上层的波浪形结构使其在内部正、负压力作用下能够对应地实现不同方向的弯曲。由于手指全部由硅胶制成，并且采用了柔性很高的结构，抓取复杂形状的物体时不会损坏被抓取物，如仙人掌、鸡蛋、活鱼等。

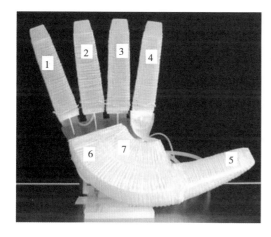
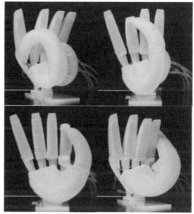

图8-20　RBOHand2

1—小拇指　2—无名指　3—中指　4—食指　5—大拇指　6、7—执行器

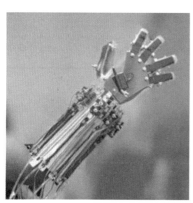
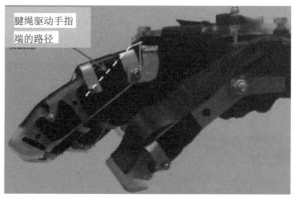

腱绳驱动手指
端的路径

图8-21　UOA手部外骨骼

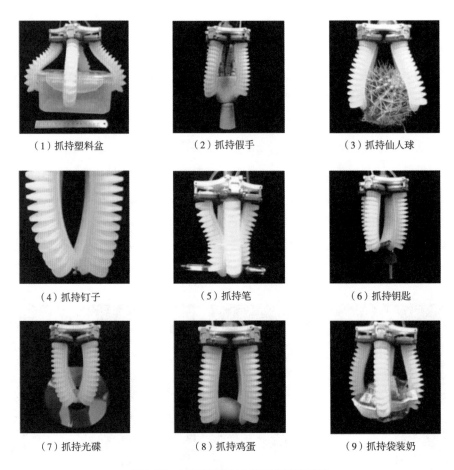

（1）抓持塑料盆　　　　　（2）抓持假手　　　　　（3）抓持仙人球

（4）抓持钉子　　　　　　（5）抓持笔　　　　　　（6）抓持钥匙

（7）抓持光碟　　　　　　（8）抓持鸡蛋　　　　　（9）抓持袋装奶

图8-22　北京航空航天大学万能软体抓持器

图8-23所示是苏州某机器人科技公司开发的二指套件、三指套件、四指套件和五指套件产品，可满足不同产品的抓取。

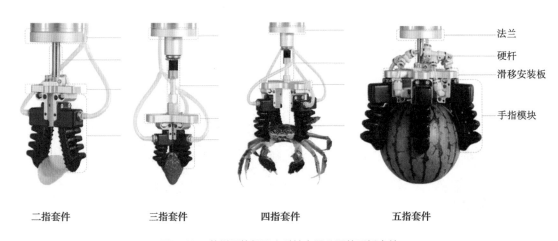

二指套件　　　　　三指套件　　　　　四指套件　　　　　五指套件

图8-23　苏州柔软机器人科技有限公司的手抓套件

二、软体机器手的驱动方式

根据Daniela Rus和Michael T. Tolley的分类[24]，软体机器人的驱动方式分为4种。

（1）流体驱动　将气体加压通入由柔性材料制成的气腔中，产生预期的变形。流体弹性驱动器（fluidic elastomer actuators，FEAs）是一种变形量大、适应性强，但驱动力相对较小的新型柔性驱动器。它由软体材料制成的弹性层和纤维制成的拉力限制层组成，当内部受到压力时，由于应变层和限制层之间存在弹性差，弹性层膨胀伸长的同时限制层保持长度不变，因此FEAs会向限制层方向弯曲，从而产生驱动力，如图8-24所示。FEAs也可以由液压驱动。由于FEAs具有很高的柔性和安全性，并且可控性较强，因此是目前最常用的软体机器人驱动方式。

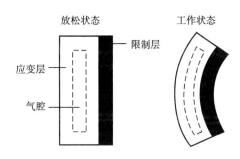

图8-24　FEAs驱动原理示意图

（2）绳驱动　将长度可变的绳状物植入软体部位，通过控制绳的长度来实现对软体机器人的控制。这种驱动方式所需空间小，能够在很小的空隙中实现驱动。

（3）电驱动　尽管大多数软体机器人都是由气压或者液压驱动的。但通常情况下，能源都是以电能形式储存，计算也是通过连路完成，因此，直接用电来控制驱动器的效率会更高，因此仍有一大批学者专注于电控制的软体驱动器。

（4）化学方法驱动　通过化学反应释放的能量或者产生的气体可以为软体机器人提供动力。

三、柔性手指模块的结构

柔性手指模块是柔性夹爪的核心组成部分，图8-25所示是北京软体机器人科技有限公司生产的柔性手指模块。柔性手指夹爪具有特殊的气囊结构，随着内外压差的不同会产生不同的动作。输入正压时，夹爪呈握紧趋势，自适应地包裹住目标物体，无须根据物体的精确尺寸、形状和硬度进行预先设置，从而完成抓取动作；输入负压时，夹爪张开，释放物质；在某些特定场合还可实现内支撑抓取。

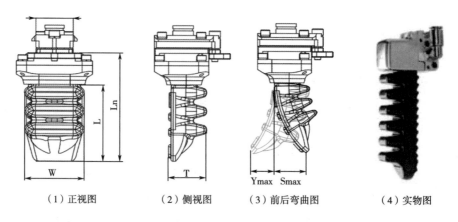

（1）正视图　　　　（2）侧视图　　　　（3）前后弯曲图　　　　（4）实物图

图8-25　柔性手指模块的结构

四、软体机器手的几种常见型号

图8-26所示是北京软体机器人科技有限公司生产的三种型号的软体机器手。

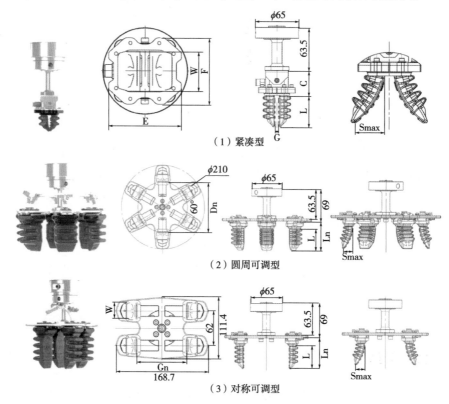

（1）紧凑型

（2）圆周可调型

（3）对称可调型

图8-26　软体机器手的几种常见型号

（1）紧凑型　夹爪手指间距不可调整，可应用于小空间内的抓取，抓取适应性强、精度高、稳定性高。

（2）圆周可调型　夹爪手指呈圆周分布，指间距可根据使用范围做调整，具有超强的自适应能力，可实现对各类异形、易损物品的抓取，尤其适用于球状、扁平圆柱等形状工件。

（3）对称可调型　夹爪手指呈对称分布，指间距可调整，可自适应地实现对各类异形、易损物品的抓取，尤其适用于对长方体、长圆柱体等工件的抓取。

五、软体机器手的控制系统

北京软体机器人科技有限公司开发的软体机器手的控制系统如图8-27所示。

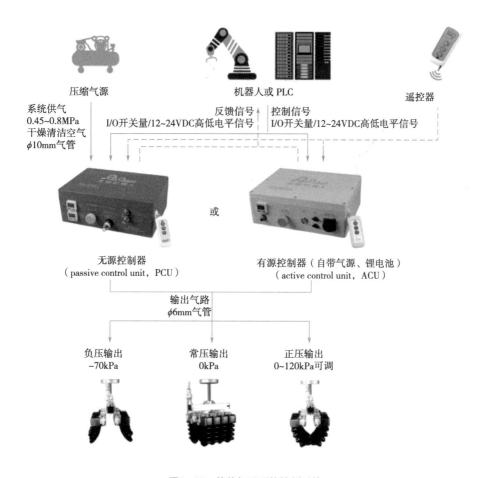

图8-27　软体机器手的控制系统

第六节　柔喙的仿生设计

鸟的嘴又称为喙（图8-28）。现存的鸟类无齿，喙起着齿和唇的作用。由于鸟的前肢演变为翼，因此依靠喙代替其他动物的前肢完成所要实现的各种功能，导致鸟的喙很发达。为了满足不同的生活习性，鸟进化出各种形态的喙。特别是对捕食习性的适应表现得更为明显，一般啄食昆虫的和吸食花蜜的鸟类，喙大都细长，而谷食的鸟类喙则多为圆锥形。

图8-28　鸟的喙

对于小型较轻物件的抓取可以模拟小鸟嘴啄的方式。因此，苏州某机器人科技有限公司研制出了一系列柔喙机器臂。

一、柔喙头

设计的柔啄头分为两尖、三尖、四尖三种（图8-29）。最大负载5g，最高工作频次200次/min，精确范围0.1mm。

二、柔喙套件

带缓冲功能的柔喙套件安装在机器臂的末端。柔喙套件的基本组成以及组装图如图8-30所示。

最近，英国Alpin公司设计了一套类似于柔喙的设备（图8-31），实现对西红柿生产线上绿色、黄色、霉色、白色等残次品的快速抓取剔除，不过使用的是气吸的方法。

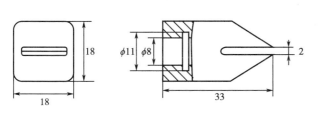

两尖柔喙,夹取范围1~5mm,适用于纤维状、条状小物件

（1）柔喙B-2B

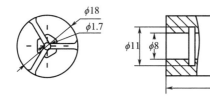

三尖柔喙,夹取范围7~12mm,适用于外撑型抓取圆环状小物件

（2）柔喙B-3B

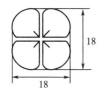
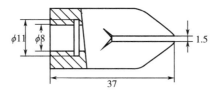

四尖柔喙,夹取范围1~5mm，适用于球形、不规则小物件，通用性最佳

（3）柔喙B-4B

图8-29　柔喙头的结构

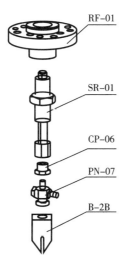

图8-30　柔喙套件

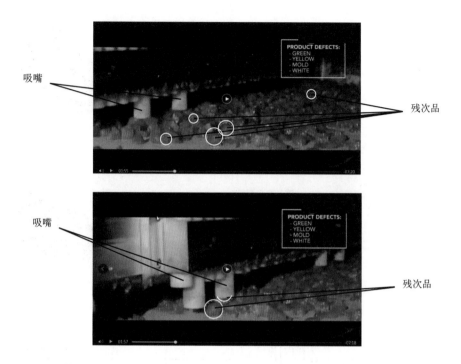

图8-31　西红柿残次品在线的快速抓取剔除的吸嘴

参考文献

［1］Ma H L. On the microtype of "food engineering bionics", in potentiality of agricultural engineering in rural development［M］. Beijing：International Academic Publishers. 1989.

［2］Ma H L. The Research on the introduction of bionic technique in food engineering, in agricultural engineering and rural development［M］. Beijing：International Academic Publishers. 1992 .

［3］马海乐. 仿生食品工程学发展中的若干问题［J］. 大自然探索, 1994, 13（4）：74–78.

［4］任露泉, 梁云虹. 耦合仿生学［M］. 北京：科学出版社, 2012.

［5］Ren L Q. Progress in the bionic study on anti–adhesion and resistance reduction of terrain machines［J］. Science in China Series E：Technological Sciences, 2009, 52（2）：273–284.

［6］任露泉, 丛茜, 陈秉聪, 等. 几何非光滑典型生物体表防粘特性的研究［J］. 农业机械学报, 1992, 23（2）：29–35.

［7］崔相旭, 张宁, 王煜明, 等. 穿山甲鳞片成分与结构及其减粘脱土分析［J］. 农业工程学报, 1990, 6（3）：15–22.

［8］李安琪, 任露泉, 陈秉聪, 等. 蚯蚓体表液的组成及其减粘脱土机理分析［J］. 农业工程学报, 1990, 6（3）：8–14.

［9］王淑杰. 典型生物非光滑表面形态特征及其脱附功能特性研究［D］. 吉林大学博士学位论文, 2006.

［10］Barthlott W, Neinhuis C. Purity of the sacred lotus, or escapefrom contamination in biological surfaces［J］. Planta, 1997, 202：1–8.

［11］Christopher E J. The cuticle, epicuticular waxes and tricheomes of plants, with reference to their structure functions and evolution. In：Juniper B E, Southwood S R（eds）Insects and the plant surface［M］.

Edward Arnold, London, 1986.

［12］Barthlott W. Scanning electron microscopy of the epidermal surface in plants. In：Claugher D（ed）Scanning electron microscopy in taxonomy and functional morphology［M］. Clarendon Press, Oxford, 1990.

［13］Barthlott W. Epicuticular Wax ultrastructure, and systematics. In：Behnke HD, Mabry TJ（eds）Evolution and systematics of the Caryopnyllales［M］, springer, Berlin, 1993.

［14］Barthlott W, NEINHUIS C, CUTLER D, et al. Classification and terminology of plant epicuticular waxes［J］. Botanical journal of linnean society, 1998, 126：237–260.

［15］Neinhuis C, BARTHLOTT W. Characterization and distribution of water–repellent, self–cleaning plant surfaces［J］. Annals of botany, 1997, 79：667–677.

［16］葛亮. 仿生不粘锅黏附性能的研究［D］. 吉林大学硕士学位论文, 2005.

［17］Song Y Y, Yu Z P, Liu Y, et al. A Hierarchical Conical Array with Controlled Adhesion and Drop Bounce Ability for Reducing Residual Non–Newtonian Liquids［J］. Journal of Bionic Engineering. 2021, 18：637–648.

［18］韩旭. 可延展关节的软体外骨骼手指及其制备的研究［D］. 哈尔滨工业大学硕士学位论文, 2018.

［19］Suzumori K, Iikura S, Tanaka H. Applying a flexible microactuator to robotic mechanisms［J］. IEEE Control Systems, 1992, 12（1）：21–27.

［20］Deimel R, Brock O. A novel type of compliant and underactuated robotic hand for dexterous grasping ［M］. Sage Publications, Inc. 2016.

［21］Wall V, Zöller G, Brock O. A method for sensorizing soft actuators and its application to the RBO hand 2［C］// IEEE International Conference on Robotics and Automation. IEEE, 2017：4965–4970.

［22］Tjahyono A P, Aw K C, Devaraj H, et al. A five-fingered hand exoskeleton driven by pneumatic artificial muscles with novel polypyrrole sensors［J］. Industrial Robot, 2013, 40（3）：251–260.

［23］Hao Y, Gong Z, Xie Z, et al. Universal soft pneumatic robotic gripper with variable effective length［C］// Control Conference. IEEE, 2016：6109–6114.

［24］Rus D, Tolley M D. Fabrication and control of soft robots［J］. Nature. 2015, 521.（7553）：467–475.